Prize Chimema Jacobs

Dispersão de sementes por primatas, germinação de sementes e regeneração de árvores

Prize Chimema Jacobs

Dispersão de sementes por primatas, germinação de sementes e regeneração de árvores

ScienciaScripts

Imprint
Any brand names and product names mentioned in this book are subject to trademark, brand or patent protection and are trademarks or registered trademarks of their respective holders. The use of brand names, product names, common names, trade names, product descriptions etc. even without a particular marking in this work is in no way to be construed to mean that such names may be regarded as unrestricted in respect of trademark and brand protection legislation and could thus be used by anyone.

Cover image: www.ingimage.com

This book is a translation from the original published under ISBN 978-620-7-65422-2.

Publisher:
Sciencia Scripts
is a trademark of
Dodo Books Indian Ocean Ltd. and OmniScriptum S.R.L publishing group

120 High Road, East Finchley, London, N2 9ED, United Kingdom
Str. Armeneasca 28/1, office 1, Chisinau MD-2012, Republic of Moldova, Europe
Printed at: see last page
ISBN: 978-620-7-74679-8

RESUMO

Um dos choques ecológicos que tem vindo a aumentar nos últimos anos é o declínio dos primatas de grande porte. A preferência dos caçadores por caça com uma massa corporal mais significativa, que tem mais benefícios económicos do que os animais de pequeno porte, pode ser responsabilizada. A fragmentação das florestas provoca uma redução do tamanho do habitat, deixando numerosos primatas vulneráveis à extinção. Um ecossistema com menos primatas gigantes pode ter reduzido a dispersão de sementes grandes, a germinação e o recrutamento de plântulas de árvores maiores e, eventualmente, a regeneração de espécies de árvores com sementes grandes. A integridade de tais comunidades, ecossistemas e florestas como um todo pode ser devastada. Vários estudos estabeleceram que os primatas são um componente-chave das redes de dispersão das florestas tropicais. No entanto, nenhum estudo único sintetizou estudos sobre a dispersão de sementes por primatas, a germinação de sementes e a regeneração de árvores num todo coerente, expondo os componentes das várias interacções.

As directrizes CEE para revisões sistemáticas permitiram a extração cuidadosa de metadados qualitativos e quantitativos de 126 publicações. A pesquisa revelou vinte anos de aumento da publicação de investigação sobre "Primate seed Dispersal". Este aumento notável ocorreu entre 1998 e 2022 e pode ser causado pelo aumento da procura de compreensão das interacções ecológicas com a rápida diminuição das florestas tropicais globais. Foram identificadas quatro interacções ecológicas significativas. A interação "Primata-árvore" foi a mais estudada, com 91%, enquanto a interação "Primata-árvore-insectos" foi a menos estudada, com um número mínimo de publicações (3,4%). Os lémures (Strepsirrhine) do sudeste de África tiveram a percentagem mais elevada de publicações, enquanto os bonobos (Hominidae), samanga, lanosos, macacos probóscides e babuínos da família Cercopithedeae foram os menos estudados, com um número mínimo de publicações, e encontram-se sobretudo em África e na Ásia. 54,9% dos artigos de investigação eram estudos de campo controlados. Os estudos de controlo replicados lideraram outros métodos de investigação em 4,1%, enquanto o tipo de investigação mais comum foi o ensaio controlado de germinação de sementes. Descobriu-se que a tendência de longevidade da investigação era ≥24 meses para a maioria dos estudos. A percentagem final de germinação (FGP) e a inspeção macroscópica (MS), que eram habitualmente utilizadas nos ensaios de germinação e na análise fecal, respetivamente, são insuficientemente precisas e incapazes de comparar dois conjuntos de dados em testes de germinação, enquanto nas amostras fecais, a MS é incapaz de identificar elementos da faunivoria nas amostras fecais dos primatas.

As características de frugivoria e endozoocoria dos primatas, com os seus padrões de deposição de estrume, podem maximizar a germinação de sementes e impulsionar o crescimento primário e secundário de espécies arbóreas em programas de restauração florestal. A caraterística de diplocoria dos primatas facilita a eficácia da sua dispersão de sementes. Na avaliação de experiências de germinação, recomenda-se o sucesso da germinação (GI) devido ao seu carácter abrangente, enquanto a combinação da observação focal e da inspeção macroscópica é recomendada para a análise da fecundidade, a fim de melhorar a precisão. É necessário reforçar a aplicação das leis ambientais e de desempenho. Todas as partes interessadas devem colaborar para uma mudança sustentável. É necessária investigação a longo prazo sobre primatas para compreender melhor e divulgar o conhecimento sobre a regeneração natural assistida por primatas (PANR) como meio de rewilding de terras globais degradadas e cumprir o plano estratégico das Nações Unidas para as florestas para 2030.

Palavras-chave: Restauração florestal, Germinação, Dispersão de sementes de primatas, Regeneração natural, Recrutamento de sementes, Revisão sistemática, Árvores, Agenda 2030.

Agradecimento

Esta dissertação, intitulada "Uma revisão sistemática dos contributos da dispersão de sementes por primatas para a germinação de sementes e regeneração de árvores em florestas tropicais", foi documentada e elaborada na Universidade de Bangor, País de Gales, Reino Unido, para o cumprimento parcial do requisito de exame para o grau académico de "Master of Sciences in Tropical Forestry". O estudo de pós-graduação, a recolha de dados, a documentação e a preparação geral desta dissertação não teriam sido possíveis sem o apoio de várias pessoas e instituições. Assim, é meu dever e grande prazer agradecer a sua ajuda.

A minha profunda gratidão ao programa de bolsas de pós-graduação da Commonwealth pela bolsa de três anos de ensino à distância que me deu a oportunidade de embarcar neste estudo. Estou especialmente grato à Madame Cherelle Jarvis e ao Dr. James Balfour pelo seu amável apoio e consideração.

O meu sincero agradecimento vai também para o Dr. Tom Martins, o orientador científico da minha investigação; a sua orientação consistente, as suas críticas construtivas e as suas indicações foram um impulso para a preparação bem sucedida da dissertação.

Simon Valle, o co-orientador científico da minha investigação; os seus contributos significativos foram uma fonte de força para a conclusão da dissertação. Estou muito grato ao Dr. Mark Rayment, à Sra. Bid Webb, ao Sr. Marc Duggan e a outros membros e funcionários da Universidade e da Escola de Ambiente e Ciências Naturais pelos seus contributos positivos, encorajamento e ajuda de diversas formas durante o curso do meu trabalho de investigação.

Jonathan Onyekwere, Chefe do Departamento da Escola de Silvicultura da Universidade Federal de Tecnologia, Akure, Nigéria. Os seus conselhos, materiais e discussões científicas frequentes foram grandes fontes de ideias e intuição para mim. Finalmente, o meu amor e a minha gratidão vão para a minha querida família, o meu querido marido e os meus três filhos, Blessing, Fortune e Grant. Também ao meu pai, às minhas irmãs e irmãos, aos meus colegas e a muitas outras pessoas. As suas orações, dedicação e encorajamento são muito apreciados.

Prémio Chimema Jacobs
Bangor, Reino Unido
setembro de 2023.

Índice

Lista de acrónimos, iniciais e códigos

PC	Primate Conservation
PRe	Forest Restoration
FRg	Forest Regeneration
AFRg	Active Forest Regeneration
PFRg	Passive Forest Regeneration
SFM	Sustainable Forest Management
CEE	Collaboration for Environmental Evidence
KTDRR	Knowledge translation for disability and rehabilitation research
ANRA	Assisted natural regeneration
PANR	Primate assisted natural regeneration
MPANR	Monitored Primate assisted natural regeneration
CSR	Corporate Social responsibility documentation
FGP	Final Germination Percentage
MI	Macroscopic Inspection
GI	Germination Success

Capítulo 1: Introdução

As florestas tropicais do mundo estão a desaparecer rapidamente devido às actividades humanas, que incluem a exploração madeireira, a expansão agrícola, a caça, a desflorestação e as alterações climáticas, entre outras (Felton et al. 2013; Hansen et al. 2013). Em média, um em cada seis hectares de terras desmatadas na década de 1990 foi substituído por florestas secundárias (Wright e Muller-Landau, 2006; Jacob et al. 2008). Diz-se que a restauração florestal tem o potencial de recuperar dois bilhões de hectares dessas florestas e biomas de floresta-savana (La Estadius et al. 2011; Chazdon e Guariguata, 2016). De acordo com Lamb et al. (2005), as florestas em regeneração podem abranger uma área de 500 a 850 milhões de hectares, o que corresponde aproximadamente ao tamanho do Brasil. Globalmente, 2,3 milhões de km2 de floresta foram perdidos entre 2000 e 2012, e todos os anos se regista um aumento nas regiões tropicais (Hansen et al. 2013).

Todos os anos, só a bacia do Congo produz 4 milhões de toneladas métricas de carne de animais selvagens para consumo em África, o que equivale quase a 80 milhões de macacos pequenos (5 kg) ou
4.5 milhões de vacas (Fa e Brown, 2009). No entanto, nem toda a carne de animais selvagens é feita a partir de primatas. As alterações climáticas também constituem uma preocupação para os primatas; o IPCC (2014) adverte que se deve esperar um aumento das temperaturas no século XXI. O esboço da distribuição dos primatas existentes é apresentado na Figura 1. O gráfico mostra as maiores populações humanas, as áreas agrícolas em mudança e as alterações no número de cabeças de gado para as raças mais comuns.

A investigação mostra que os animais de grande porte são desproporcionadamente afectados pela perda de habitat, degradação e caça (Fa et al. 2009 ; Poulsen et al. 2011,2017). Confirma-se que os grandes vertebrados frugívoros são muito afectados quando as florestas são degradadas (Renjifo, 1999 ; Harcourt et al. 1989a). Portanto, não é uma surpresa que Estrada et al. (2017; 2018) declare 60% de todas as espécies de primatas como ameaçadas ou criticamente em perigo.

Esta revisão, portanto, tentará identificar e destacar a forma como os grandes primatas contribuem para a germinação e regeneração de espécies arbóreas de grande porte com sementes em florestas tropicais, com o objetivo de identificar as razões para o crescente interesse na dispersão de sementes por primatas e destacar as características e acções dos primatas que promovem a germinação e regeneração de sementes. Para além de encorajar futuros esforços de restauração florestal e de conservação de primatas, estas investigações podem revelar conhecimentos que podem encorajar mais investigação.

A análise está dividida em sete capítulos. O primeiro capítulo é de natureza exploratória, introduzindo o conceito de investigação, os antecedentes do estudo e a justificação do estudo numa perspetiva ecológica mais alargada. O segundo capítulo descreve os objectivos, as questões, a conceção e a área de cobertura do estudo. O terceiro capítulo trata das técnicas de análise de dados, incluindo quadros de investigação, estratégias de pesquisa e procedimentos de seleção de estudos para excluir e incluir estudos. Os dois capítulos seguintes apresentam e discutem os resultados sintetizados das publicações de investigação e os resultados agrupados das publicações de investigação. Os resultados da investigação dos dois capítulos anteriores são discutidos no capítulo seis. No capítulo sete, concluímos com recomendações e perspectivamos o futuro.

Mapa 1. Alterações nas dimensões da população humana, área agrícola e gado mamífero na área de distribuição dos primatas e noutros países entre os períodos 1991-95 e 2011-15. As fontes de dados são a Natural Earth (www.naturalearthdata.com), a IUCN

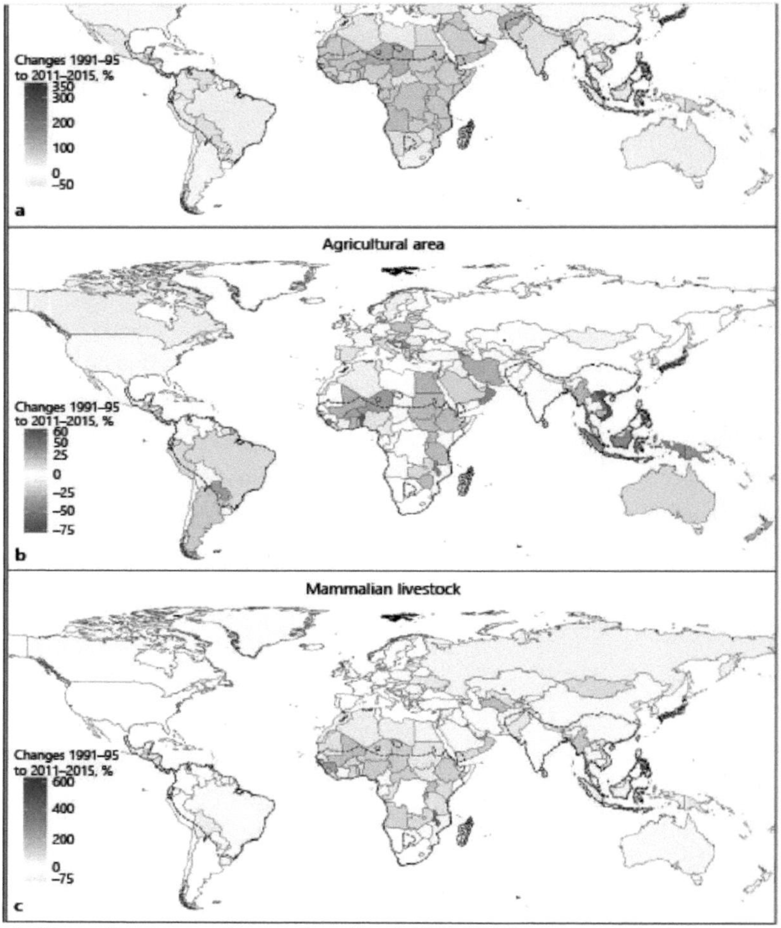

Lista Vermelha de mamíferos shapefile (IUCN, 2018), e a base de dados FAOSTAT (FAO, 2018).

1.1 EstudoAntecedentes

À medida que a biodiversidade continua a depreciar-se com a crescente conversão de terras em campos agrícolas e o abandono após períodos de cultivo (Almeida-Rocha et al. 2017; FAO, 2016; Estrada et al. 2017), as florestas tropicais também perdem interacções ecológicas essenciais (Peres e Dolman, 2000; Chapman e Peres, 2001). Até 75% das espécies de árvores tropicais produzem frutos adaptados à dispersão por frugívoros (Frankie et al. 1974; Howe e Smallwood, 1982). Os primatas constituem entre 25 e 40% da biomassa de frugívoros nas florestas tropicais, e defecam ou cospem um grande número de sementes (Wrangham et al. 1994; Garber e Lambert, 1998). A investigação relata que os primatas só podem competir com os elefantes na contribuição para a promoção das florestas tropicais (Rogers et al. 1988).

As angiospérmicas dependem principalmente dos primatas para a dispersão. Pesquisas mostraram que, embora mais de um vertebrado frugívoro possa dispersar sementes na floresta, à medida que as sementes ficam maiores, o número de agentes de dispersão pode diminuir (Janzen, 1969a; Chapman et al., 1982; Leighton & Leighton, 1983). Os primatas de grande porte têm sido identificados como influentes na dispersão de espécies arbóreas de grande porte e com sementes nas florestas tropicais, e a investigação tem admitido que a dinâmica da floresta em termos de estrutura e composição será grandemente afetada pela sua extinção (Peres & Palacios, 2007; Stoner et al. 2007; Wright et al. 2007). Holbrook et al. (2009) ilustraram como as espécies de plantas com sementes grandes são totalmente dependentes de primatas de grande porte para as engolir e às suas sementes. Numerosas actividades de investigação confirmaram que a caça de primatas de grande porte é economicamente mais rentável devido à sua enorme massa corporal; são, portanto, alvos de caça (Bennet et al. 2007; Muller-Landau, 2007; Perez et al. 2007; Wright et al., 2007; Fa et al. 2009; Holbrook e Loiselle, 2009; Vanhomme et al. 2010).

Está demonstrado que uma redução na densidade destes animais pode causar uma menor remoção de sementes e um maior recrutamento de sementes através de uma redução de grandes predadores de sementes (Beckman et al.

2012; Wright et al. 2007). Está provado que os animais com sementes mais pequenas que os caçadores ignoram e as sementes de espécies que se espalham abioticamente serão mais dispersas e comuns em florestas onde a população de primatas maiores diminuiu (Nunez-Hurri e Howe, 2007; Peres et al. 2007; Vanthomme et al. 2010). Nunez-Hurri et al. (2007) mostraram a visão de uma floresta tropical abundantemente povoada por espécies de sementes pequenas que podem depender apenas de espécies abióticas para sua dispersão e primatas menores que podem dispersar apenas sementes menores. É amplamente aceite pelos especialistas em conservação de primatas que, sem uma dispersão adequada, as sementes de todos os tamanhos podem cair e permanecer perto das árvores-mãe, e estas são áreas de maior mortalidade e menor sobrevivência.

O desaparecimento dos primatas de maior porte pode deixar as árvores grandes, com sementes, com menor dispersão e a maioria das sementes perdidas por morte sem regeneração (Wang et al. 2007; Markl et al. 2012; Effiom et al. 2014). A dispersão e a germinação de sementes são as bases do recrutamento de plântulas, o que tem um impacto significativo na regeneração florestal. De acordo com Effiom et al. (2014), a perda de primatas grandes e médios (4-18 kg) em locais de caça em África limita o recrutamento de plântulas, apesar da presença de aves frugívoras. A investigação também indica que os primatas mais pequenos ou as aves frugívoras são apenas parcialmente capazes de compensar a diminuição de primatas de grande porte causada pela caça (Culot et al. 2017; Peres e Dolman, 2000).

A viabilidade a longo prazo de uma floresta depende do estabelecimento de plântulas de árvores para restaurar a sua composição, uma vez que o recrutamento limitado afecta o recrutamento futuro (Toledo-Aceves et al. 2021). Para desenvolver programas de conservação ou restauração sensatos (Fa et al. 2009), é necessário entender como as sementes se espalham. Estudos têm demonstrado que as florestas e as comunidades de primatas que suportam podem recuperar rapidamente se lhes for permitido ou encorajado que o façam por si próprias. Raros estudos tentaram sintetizar artigos mundiais relacionados com a dispersão de sementes por primatas, a germinação de sementes e a regeneração de árvores num estudo coerente. Esta investigação pode revelar informação que pode inspirar mais investigação em programas de restauro e conservação florestal.

1.2 Fundamentação do estudo

Os benefícios tangíveis e intangíveis dos primatas são amplamente conhecidos, o que faz deles um recurso biológico muito valioso para o mundo. A conservação dos primatas traz benefícios económicos para as comunidades indígenas (Siex e Struhsaker, 1999; Davenport et al. 2002). O turismo é uma indústria de grande valor nas florestas tropicais (Archibald e Naughton-Teres, 2001; Adams e Linfield, 2003; Kirby et al. 2010). O turismo é também uma forma de incentivar a conservação (Pusey et al. 2008; Kirby et al. 2010; Savage et al. 2010). Os primatas e muitos outros vertebrados também servem como boas fontes de proteína quando colhidos de forma sustentável.

A proximidade dos primatas com os humanos em termos de genética e fisiologia está a ser utilizada no desenvolvimento de vacinas contra doenças humanas (Sibal e Samson, 2001; Carlsson et al. 2004; Bontrop, 2001). A saúde humana é melhorada (Vandeberg e Zola, 2005; Capitanio e Emborg, 2008; Evans e Silvestri, 2013; Joyner et al. 2015; Bennett, 2015). Os primatas são criados em cativeiro para esses ensaios clínicos (California Biomedical Research Association, 2015). As comunidades locais obtêm frequentemente benefícios espirituais e culturais dos primatas através das suas crenças. Os primatas melhoram a germinação de sementes através de tratamentos de passagem intestinal (Chapman e Onderdonk, 1998; Wrangham et al. 1998). Os primatas são importantes dispersores de sementes em todos os ecossistemas (Peters, 1993; Norconk e Veres, 2011).

Ao alimentarem-se desproporcionalmente de sementes de espécies vegetais populares, os primatas servem como predadores de sementes que ajudam a manter a densidade das espécies vegetais (Power et al. 1996; Paine e Beck, 2007; Terborgh, 2012). A folivoria dos primatas tem um impacto na mortalidade, fertilidade e taxas de crescimento de diferentes espécies de árvores (Chapman et al. 2013). De acordo com os estudos de Queenborough, (2009) e Wright et al. (2009), os primatas são conhecidos por dispensar espécies de árvores com sementes grandes, que têm concentrações de carbono mais elevadas do que as árvores com poucas sementes. Para manter o equilíbrio ecológico nas florestas, os primatas, como os chimpanzés, alimentam-se de outras espécies (Stanford, 1995; Teelen, 2007). De acordo com Effiom et al. (2013), a ausência de primatas pode alterar a abundância relativa de outras espécies.

Capítulo 2: Objectivos e questões de investigação

2.1 Objectivos gerais

O objetivo geral da revisão é identificar e realçar a forma como os primatas contribuem para a germinação e regeneração de espécies arbóreas de grande porte, com sementes, nas florestas tropicais.

2.2 Objectivos específicos

Para atingir o objetivo geral, este estudo identificará os seguintes objectivos específicos

1. Revisar a crescente literatura sobre a dispersão de sementes por primatas em florestas tropicais e destacar sua crescente relevância,
2. Identificar as características e acções dos primatas que promovem a germinação e regeneração de sementes nas florestas tropicais,
3. Destacar as funções de dispersão de sementes que tornam a dispersão de sementes dos primatas valiosa para os esforços de restauração florestal.

2.3 Questões de investigação

2.3.1 A questão de investigação primária

Para atingir o objetivo, a análise tentará responder à seguinte questão principal: "A dispersão de sementes por primatas afecta a germinação de sementes e a regeneração das árvores nas florestas tropicais?

2.3.2. Questões de investigação secundária

Para encontrar uma resposta à questão de base, a investigação abordará as seguintes questões específicas:

1. Quais são as várias acções dos primatas que promovem a germinação de sementes nas florestas tropicais?
2. Como é que os primatas incentivam o estabelecimento de plântulas de árvores com sementes grandes nas florestas tropicais?
3. Que funções de dispersão de sementes tornam os primatas valiosos nos esforços de restauração florestal?

2.3.3 Hipóteses

Ao rever os processos ecológicos de dispersão de sementes por primatas, serão analisadas as seguintes hipóteses principais subjacentes à dispersão de sementes de primatas na ciência da conservação dos primatas:

1. O comportamento de predação e dispersão dos primatas promove a germinação e o estabelecimento de plântulas de espécies arbóreas com sementes grandes em florestas tropicais;
2. Os primatas criam um ambiente propício ao crescimento e recrutamento das plântulas de árvores.
3. O papel dos primatas na rede de interação de dispersão de sementes pode ser aproveitado em esforços de restauração florestal (Arroyo-Rodriquez et al. 2005; Martins, 2005; Valenta e Fedigan, 2009; Kunz e Linsenmair, 2010; Chaves et al. 2011; Gonzalez-Zamora et al. 2014).

2.4 A conceção do estudo

Utilizando uma abordagem sistemática, foram pesquisadas revistas de investigação primária e literatura cinzenta sobre a dispersão de sementes de primatas em florestas tropicais (Livoreil et al. 2017). Para garantir uma síntese rigorosa de evidências e buscas transparentes e reproduzíveis com vieses mínimos, foram considerados tantos artigos e estudos de evidências bibliográficas relevantes publicadas quanto possível (Konno & Pullin, 2020), e estes foram reduzidos a trabalhos de pesquisa específicos que responderam às perguntas de pesquisa. Foram também realizadas discussões sobre a definição de critérios de decisão e sobre quando e onde parar a pesquisa. O planeamento do projeto seguiu as orientações fornecidas pela colaboração para recomendações de evidências ambientais (CEE, 2013) (Fig. 2).

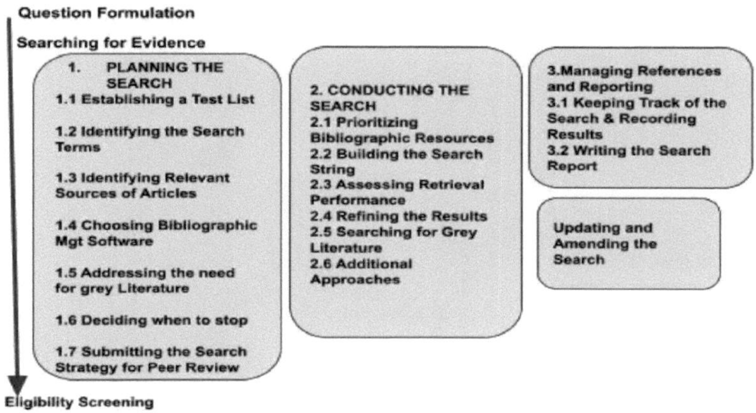

Fig. 1. A guide to the planning, conduct, management and reporting of the searching phase of systematic reviews and systematic maps (after Livoreil et al. 2017).

2.5 A área de estudo

As publicações científicas analisadas basearam-se em dados de cinco regiões que são altamente prioritárias para a conservação de primatas em todo o mundo. Uma lista e uma lista actualizada destes locais podem ser encontradas em (Estrada et al. 2017, 2018; 2016; IUCN, 2018): Neotrópicos, África continental, Madagáscar e Ásia Os Neotrópicos contêm 171 espécies, com 111 espécies na África continental, 103 espécies em Madagáscar e 119 espécies na Ásia (Estrada et al. 2017; 2018; FAO; IUCN, 2018). Os primatas habitam uma grande variedade de habitats (Figura 3), incluindo florestas tropicais húmidas de planície, florestas tropicais secas de planície, mangais acima das marés altas, florestas húmidas de montanha, florestas temperadas de folha caduca e larga a altitudes elevadas (de 1000 a >4000 m), savanas, pradarias, zonas húmidas interiores, áreas rochosas e até desertos (Tylianakis et al. 2010; Estrada et al. 2017; Estrada et al. 2018).

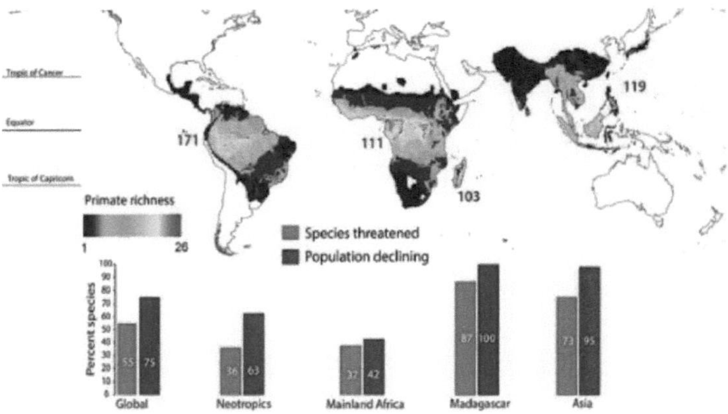

Mapa citado em (Estrada et al. 2017, 2018).

Mapa 2. Riqueza global de espécies de primatas, distribuições e percentagem de espécies ameaçadas e com populações em declínio. Distribuição geográfica das espécies de primatas. Os números a vermelho em cada região referem-se ao número de espécies existentes. As barras na parte inferior mostram a percentagem de espécies ameaçadas de extinção e a percentagem de espécies com populações em declínio em cada região. Percentagem de espécies ameaçadas e percentagem de espécies com populações em declínio em cada região das tabelas S1 a S4. Os dados sobre a distribuição geográfica das espécies vivas e nativas da Lista Vermelha da IUCN (www.iucnredlist.org) são sobrepostos numa grelha de área igual com uma resolução de 0,5°. Nos casos em que a área de distribuição de uma espécie estava dividida em várias subespécies, estas foram fundidas para criar um mapa da área de distribuição da espécie. A África continental inclui pequenas ilhas associadas.

Capítulo 3: Recolha e análise de dados

3.1 O Processo Iterativo, Ferramentas e Quadros

Foi aplicada uma variedade de ferramentas, quadros e métodos de forma iterativa para extrair dados qualitativos e quantitativos. As Directrizes CEE, os Quadros Arksey e O'Malley e PICO, o Fluxograma ou Diagrama Roses (Anexo 1), as Normas de Relatórios Roses e o Processo de Elaboração de Gráficos foram também utilizados para permitir a formulação de palavras-chave e de cadeias de gráficos, a seleção de artigos de investigação, as verificações de qualidade, a triagem de artigos de investigação e a extração de dados (Fig. 4). Arksey e O'malley (2005) aconselharam a utilização da abordagem iterativa em análises numéricas e temáticas. A ferramenta Rayyan, baseada na Web, foi utilizada para automatizar e acelerar o processo de seleção. A ferramenta ajudou a reduzir o viés dos duplicados e as classificações de precisão. O botão de pesquisa e os privilégios de inclusão e exclusão ofereceram uma oportunidade de filtragem mais rápida e eficiente que isolou tipos distintos de publicações e temas comuns.

A abordagem de método misto compreende a aplicação conjunta da ferramenta PICO e das Estruturas de Arksey e O'Malley (Arksey e O'Malley, 2005) (ver Tabelas 2 e Fig. 4). O PICO foi selecionado porque a ferramenta está orientada para artigos quantitativos e não qualitativos (Methley et al. 2014). O PICO permitiu o mapeamento do processo de investigação nos elementos do PICO (população, intervenção, comparação e resultados), o que melhorou a formulação das questões de investigação. O quadro de Arksey e O'Malley ajudou a clarificar e a ligar as questões de investigação ao objetivo da investigação (ver Fig. 5, Quadro de Arksey e O'Malley). As Roses Reporting Standards e o Fluxograma do Processo de Triagem dos Critérios de Elegibilidade da Roses (ver Fluxograma no Anexo 1) ajudaram na verificação da qualidade do título, do resumo e do contexto.

3.2 A estratégia de pesquisa e a tabela de processos

Os artigos publicados foram retirados da Web of Science Core Collection através da plataforma Web da biblioteca da Universidade de Bangor. A base de dados foi aprovada como adequada após a pesquisa de listas de teste para publicações literárias de estudos sobre conservação de primatas e regeneração florestal. A seleção de textos relacionados com a dispersão de sementes foi bem sucedida. A pesquisa começou com o termo geral "primários" e foi restringida aos termos de pesquisa mais próximos da pergunta básica de investigação primária e dos critérios incluídos (ver a lista do processo de pesquisa no anexo). A seleção dos termos de pesquisa teve em conta o brainstorming para sinónimos de palavras e ortografias alternativas. Os termos de pesquisa mais os truncamentos e os operadores booleanos básicos (AND, OR, NOT, *) produziram cadeias de pesquisa simples que conduziram à derivação de 327 054 artigos, incluindo estudos emparelhados, estudos antes e depois, estudos de comparação de locais, estudos controlados, revisões da literatura, meta-análises e outros (ver os critérios de elegibilidade do Roses e o fluxograma do processo de seleção no Anexo).

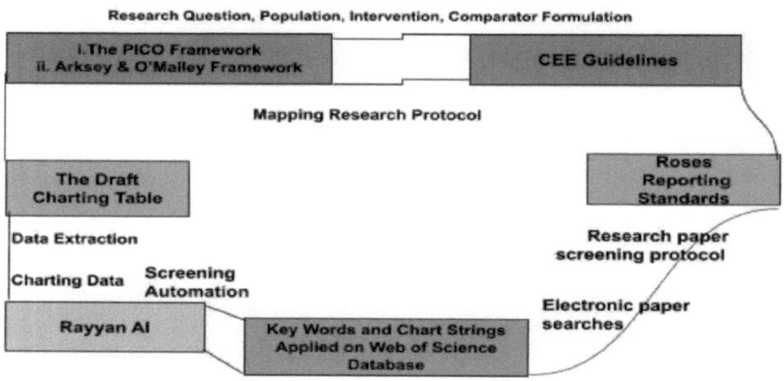

Fig 2. Data Collection and Analyses Iterative Process

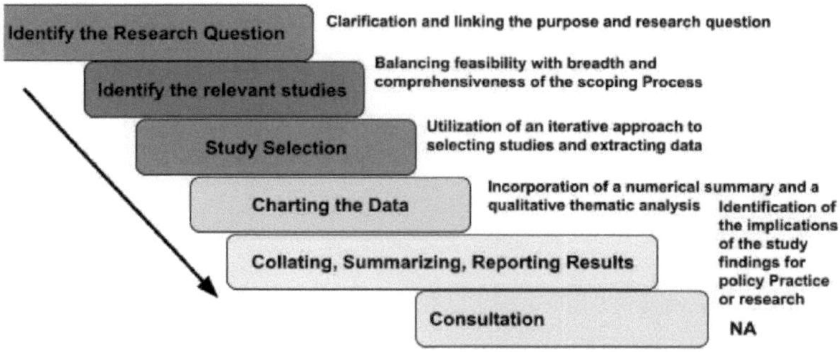

The steps assisted in clarifying and connecting the research questions to the research purpose

Fig 3. The Arksey and O'Malley framework

(Arksey and O'Malley, 2005; Levac et al. 2010)

Table 2: The PICO Framework
Modified from (Frampton st al., 2017; Richard et al., 1995)
Defining the primary research question in to PICO elements

Population	Primates	i.Decrease in seed source limitation ii.Decrease in seed dispersal limitation iii Decrease in seed establishment limitations	Tree height and length Increase
Intervention	Seed dispersal		Increase in Primary growth
Comparator	Undispersed seeds	Increase in seedling mortality	
Outcomes (Intervention)	Increase in seed germination	Increase in seedling recruitment	Increase in Tree Growth
Outcomes (Comparator)	Decrease in seed germination	Decrease in seed recruitment	Increase in Secondary Growth
			Increase in thickness of tree stems and branches

Coloured boxes show a breakdown of the impacts of the major outcomes/intervention.

Search terms
Primates, Primate Families, Primate families and Seed dispersal, Primate families and seed germination, Primate families and seedlings recruitment, Primate families and Tree regeneration, Primate families and Seedling growth

Search strings
Results

1.
"Primates" 106,818

2.
Primates* OR Gorilla*OR Chimpanzee OR Bonobo* OR Orangutan OR Gibbons OR Apes* OR Lemur OR Babbon* OR Monkey*
OR Lorisidae OR Atelidae OR Aotidae OR Callitrichidae OR Cebidae OR Cercopithecidae OR Hylobatidae OR Hominidae OR Pitheciidae OR adapiforms)
218,726

3.Primates* OR Gorilla*OR Chimpanzee OR Bonobo* OR Orangutan OR Gibbons OR Apes* OR Lemur OR Babbon* OR Monkey* OR
OR Lorisidae OR Atelidae OR Aotidae OR Callitrichidae OR Cebidae OR Cercopithecidae OR Hylobatidae OR Hominidae OR Pitheciidae OR adapiforms)
AND "Seed dispersal" 741

Detailed Search Process List and applied criteria is at the Appendix 1

3.3 Critérios de inclusão e exclusão: Diagrama de fluxo das Rosas

Como forma de selecionar e excluir artigos em revisões sistemáticas e mapas, o fluxograma Roses regeu a inclusão e exclusão de artigos na busca, triagem, isolamento de metadados e análise de artigos (Pussegoda et al. 2017) (Tabela 4). O diagrama de fluxo de Roses e a lista de artigos excluídos com os motivos são fornecidos no apêndice.

3.4 Seleção do estudo e processo de triagem

Um total de 327.054 estudos da base de dados Web of Science passou por verificações de duplicados com o software endnote. O resultado foi 550 estudos. Os estudos passaram por um protocolo de seleção e triagem de estudos (Frampton et al. 2017). As orientações foram retiradas da Collaboration for Environmental Evidence (CEE). A plataforma Rayyan também permitiu a triagem contínua de duplicatas, palavras-chave e conceitos. Rayyan é uma plataforma 100% gratuita e de código aberto baseada na web que auxilia estudantes e pesquisadores em revisões sistemáticas. O Rayyan automatizou as selecções e ajudou a seguir a metodologia de triagem em três fases (título, resumo e c ontext). O Rayyan é um produto do Centro KTDRR em Quater, desenvolvido para ajudar os investigadores em revisões sistemáticas. Acelera o processo de triagem das investigações, definindo os critérios de inclusão e exclusão e documentando os dados numéricos para inclusão. A Figura 5 explica o processo em três etapas através do qual a investigação foi rejeitada, incluída ou posta de lado para investigação posterior.

3.4.1 Extração, elaboração de gráficos e codificação de dados

Para a elaboração dos gráficos e a extração dos dados, foi utilizado um esboço de tabela ou formulário de gráficos (Briggs, 2015). Cada artigo selecionado foi resumido no rascunho, que foi configurado em uma planilha do Google com elementos especificados por coluna. Esses elementos eram o título do artigo, os nomes dos autores, o ano e o país de publicação, os objectivos do estudo, os métodos de recolha de dados, as conclusões e as lacunas da investigação. A tabela melhorou a monitorização das fontes e referências durante os processos de pesquisa e triagem (Briggs, 2015). Foram aplicados códigos simples a conceitos-chave na revisão sistemática. São eles: conservação de primatas (PC), restauração florestal (FRe), regeneração florestal (FRg), regeneração florestal ativa (AFRg), regeneração florestal passiva (PFRg), gestão florestal sustentável (SFM), colaboração para evidências ambientais (CEE), tradução de conhecimentos para a investigação sobre deficiência e reabilitação (KTDRR), regeneração natural assistida (ANRA) e regeneração natural assistida por primatas (PANR). Regeneração natural assistida por primatas monitorizados (MPANR), Documentação da responsabilidade social das empresas (CSR), Percentagem final de germinação (FGP), Inspeção macroscópica (MI), Sucesso da germinação (GI).

3.3 Limitações do estudo

O estudo de revisão centra-se especificamente nas interacções entre primatas não humanos. Devido a limitações de tempo, apenas foi consultado o rico recurso da Web of Science Core Collection Database através das instalações da Universidade de Bangor. Os dados da investigação foram retirados principalmente de revistas, e apenas foram consultadas três peças de literatura cinzenta referidas por mentores académicos (Anexo 1). Apenas foram consultadas revistas de investigação e publicações em língua inglesa. A base de dados Web of Science apresentou um truncamento à esquerda inválido, o que afectou a disponibilidade do truncamento à esquerda em todos os campos. Na descrição de "primatas de grande porte", este estudo fez referência a primatas com um peso modal de cerca de 5 kg ou mais (Martin, 2012; Effiom et al. 2014). É necessário mencionar que, devido à necessidade de compreender o significado de novos conceitos encontrados no campo da primatologia, foi incluída uma vasta gama de literatura no processo de seleção.

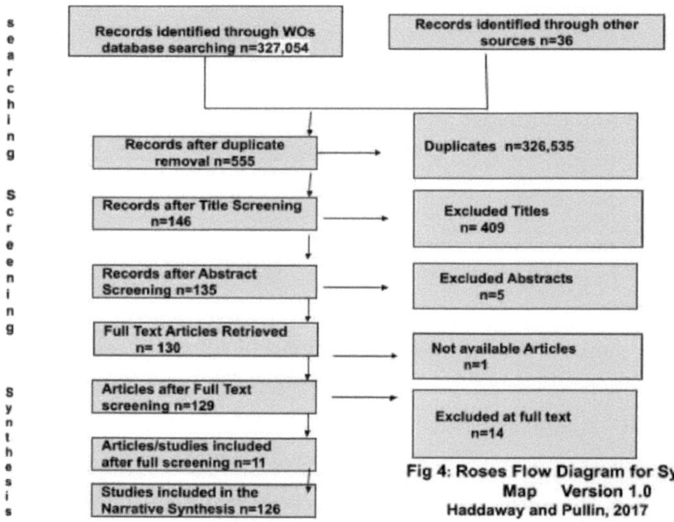

Fig 4: Roses Flow Diagram for Systematic Map Version 1.0
Haddaway and Pullin, 2017

As fases de pesquisa, seleção e síntese são aqui ilustradas. A fase de síntese foi um momento de muita discussão com colegas, mentores académicos e o pessoal da biblioteca. O sítio Web dos artigos interligados ajudou a encontrar ideias e conceitos de investigação relacionados. Alguns artigos foram referenciados, também com algumas notas cinzentas (Anexo 2). Durante a síntese narrativa, a biblioteca da Universidade de Bangor foi muito útil para responder às questões de investigação (Anexo 3).

Capítulo 4: Análise das publicações de investigação

4.1 Os temas predominantes

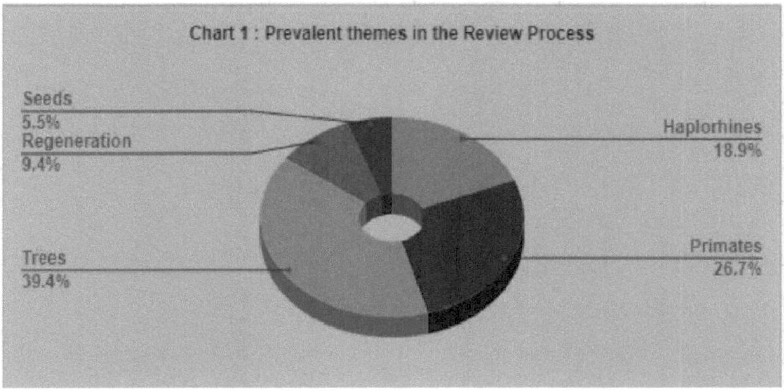

O processo de revisão revelou uma variedade de temas na coleção de publicações. O gráfico 1 mostra os temas predominantes, que foram árvores (39,4%), primatas (26,7%), haplorhines (18,9%), regeneração (9,4%) e sementes (5,5%).

4.2 As Interacções Ecológicas

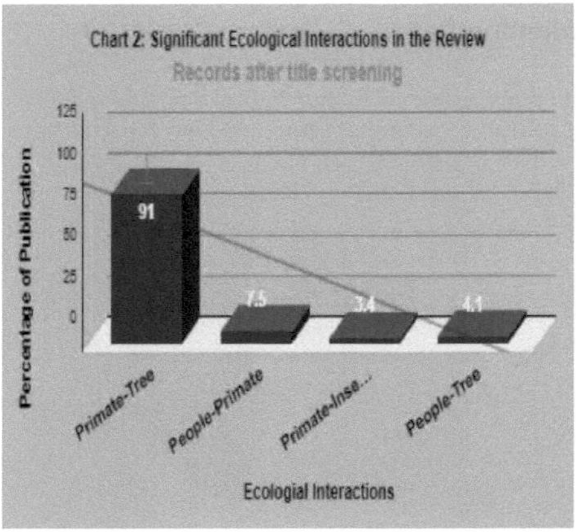

No processo de revisão, foram identificadas quatro interacções significativas, nomeadamente a Interação Primata-Árvore, a Interação Pessoas-Primata, a Interação Pessoas-Árvore e a Interação Primata-Insectos-Árvore.

A 'Interação Primata-Árvore' teve a percentagem mais elevada de publicações (85,3%) com muitas evidências. Enquanto a 'Interação Primata-Árvore-Inseto A 'Interação' é a menos estudada com (3,2%) das publicações.

4.3 A espécie predominante de primata

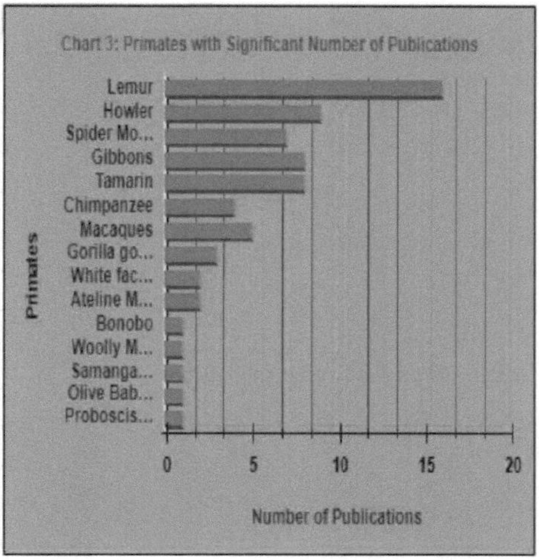

O Lémur (Lemuridae[1] Strepsirrhine) lidera e aparece como o mais investigado com 16 entradas ou publicações distintas. Segue-se o bugio (Atelidae) com nove publicações. Os lémures encontram-se sobretudo em Madagáscar e na ilha de Comoro. Estes podem ser encontrados na África Oriental. Três da família Cercopithecidae estão entre os primatas menos estudados, com menos publicações (Samanga, Babuínos-oliva, Macacos Probóscides). Encontram-se sobretudo em África e na Ásia. O bonobo (Hominidae) e o macaco lanudo (Atelidae) também têm um número mínimo de publicações.

4.4 Taxa percentual de publicação por país

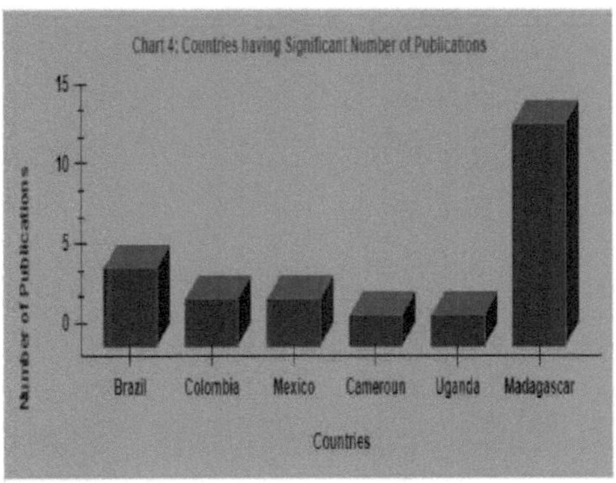

O sudeste de África (Madagáscar) tem o maior número de publicações.

Segue-se a América do Sul (Brasil, Colômbia e México) (Gráfico 4). Madagáscar lidera com o maior número de publicações.

Os países líderes apresentam taxas máximas de desflorestação, caça e fragmentação florestal, e os primatas estão ameaçados de extinção devido à perda dos seus habitats.

4.5 A taxa percentual de publicação por autor

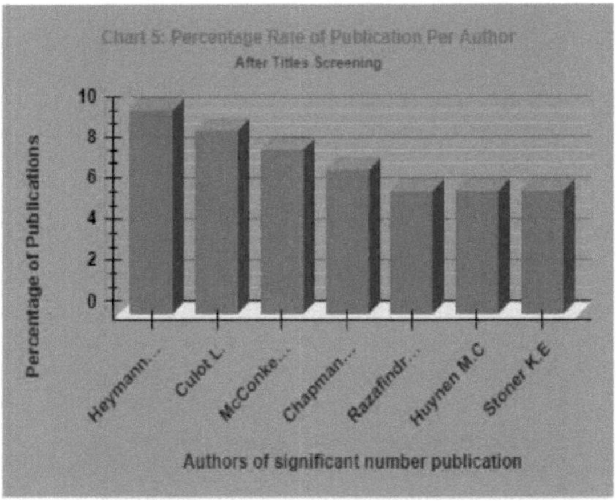

Heymann, E.W., é o autor mais popular, aparecendo em 10 publicações (Gráfico 5).

Culot, L., participou em nove publicações. McConkey, K.R., participou em oito publicações. Chapman, C.A., participou em sete publicações (Gráfico 5).

4.6 A taxa percentual de publicação por revista

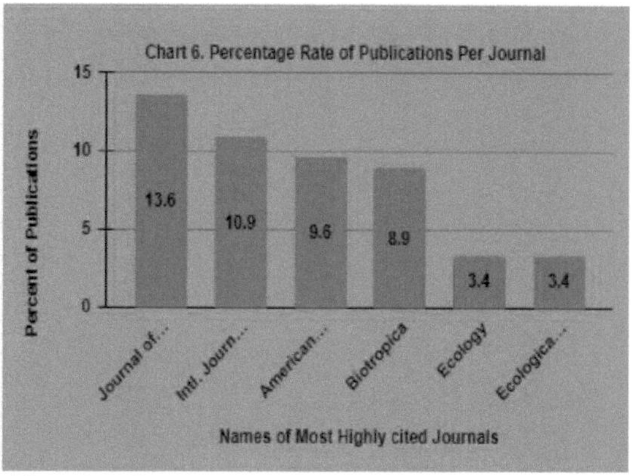

13,6% das publicações foram provenientes do Journal of Tropical Ecology e 10,9% do International Journal of Primatology. O Gráfico 6 mostra as principais revistas com maior percentagem de publicações em processo de revisão.

4.7 A revista de Ecologia tropical centra-se na investigação de populações e ecossistemas. Taxa anual de publicação (1998-2022)

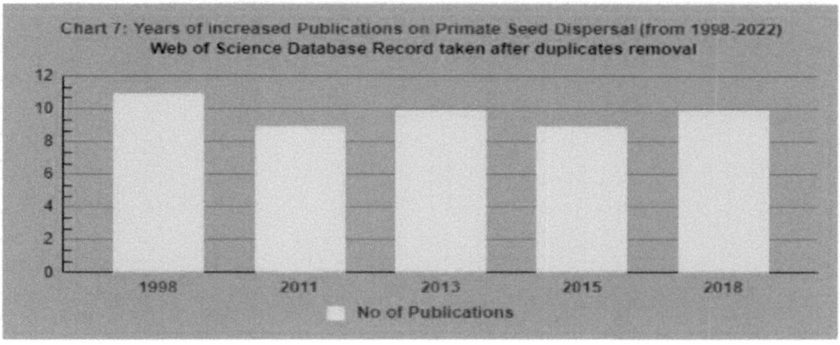

O gráfico de barras mostra o número de publicações sobre "dispersão de sementes por primatas" de 1998 a 2022. Os dados mostram que, entre 1998 e 2022 (um período de cerca de vinte anos), houve um pico de publicações em 1998, 2013, 2015 e 2018, indicando a crescente relevância da investigação sobre primatas.

4.8 Os métodos de investigação predominantes

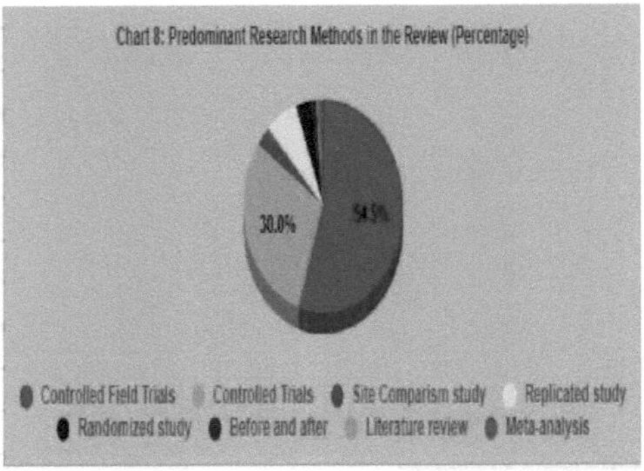

54,9% das publicações eram ensaios de campo controlados e 30% eram ensaios controlados. As experiências de controlo replicadas lideram com 4,1%.

O tipo de investigação mais comum foi o de experiências controladas de germinação de sementes. Todas elas procuravam descobrir o efeito da passagem intestinal nas sementes. Este tipo de investigação também tem muitas provas publicadas, e o menos importante é a sensibilidade do lóbulo olfativo dos primatas, que tem um número mínimo de publicações e menos provas de estudo.

Capítulo 5: Principais conclusões sintetizadas

[Lista de citações no Apêndice 5]

5.1 O sistema de classificação dos primatas

Os primatas encontram-se sobretudo nos trópicos e nas florestas subtropicais. O corpo dos primatas está adaptado ao seu habitat. Têm olhos salientes que permitem a visão binocular, descrita como visão estereoscópica. As suas orelhas têm lóbulos olfactivos mais pequenos, especialmente nos lémures diurnos. Diz-se que as suas cavidades bucais são muito antiquadas e que os seus cérebros estendidos podem ser atribuídos aos restos fósseis dos mamíferos colugos planadores (Dermoptera). São espécies com membros anteriores e posteriores concebidos para uma mobilidade imensa, única para a vida arbórea. São conhecidos dois sistemas de classificação dos primatas: os Hominoidea sob Tarsioidea, que incluem Ceboidea e Cercopithecoidea; os Haplorhines, que compreendem os Lemuriodea e Lorisoidea como prossímios; e os Hominoidea e Aropoids, que são compostos pelos Lemuroides e Lorisoidea (Figura 7). Os lémures, os lóris e os társios são designados por prossímios, ou primatas inferiores, e têm geralmente 500 kg de peso e são principalmente activos à noite.

O envolvimento dos primatas na rede de dispersão de sementes nas florestas tropicais torna-os de grande interesse para a humanidade. O ciclo de dispersão de sementes dos primatas é normalmente classificado nas fases de pré-dispersão, dispersão e pós-dispersão. A fase de pré-dispersão avalia a ecologia evolutiva dos primatas e as suas preferências por diferentes frutos; a fase de pós-dispersão avalia os fins dos serviços de dispersão e os impactos das actividades dos primatas; e a fase de dispersão examina as características e adaptações comportamentais dos primatas ao seu ambiente.

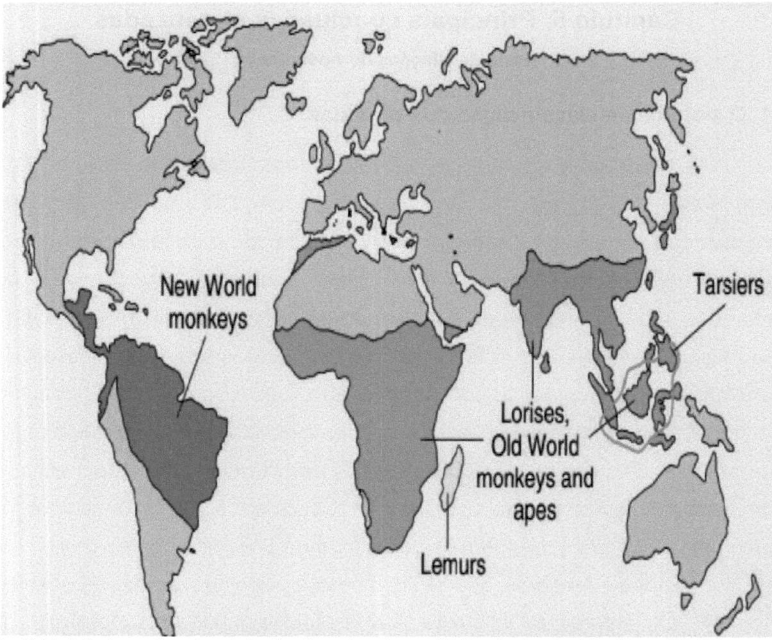

Fig 5:Habitats naturais globais de primatas . (Adaptado de Martins, 2012).

Os primatas encontram-se principalmente em África, na Ásia, em Madagáscar e nas regiões neotropicais do mundo

A vida nocturna e diurna da maioria dos primatas aumenta a sua sobrevivência nas florestas tropicais. Os seus sentidos da visão e do olfato tornam-nos muito bem sucedidos na seleção de frutos. A sensibilidade dos primatas às cores, aos cheiros, às forragens e aos inimigos só recentemente foi reconhecida e ainda não está bem explorada.

Os sentidos favorecem a atração dos frutos vermelhos do Scadoxus multifloros para os macacos que comem a parte carnuda e cospem as sementes tóxicas perto das árvores-mãe, enquanto outros são transportados em bolsas e largados a 1m das árvores-mãe. Em comparação com os frutos não dispersos e dispersos, os microcebus dispersam frutos que contrastam mais (azul-amarelo) com as folhas de fundo. As distribuições de compostos orgânicos voláteis (COV) entre os tipos de frutos dispersos pelos lémures não diferem significativamente. Em geral, os frutos dispersos emitem mais COVs do que os frutos não dispersos.

5.2 Modelos teóricos de dispersão de sementes de primatas

Para compreender a dispersão de sementes por primatas, quatro modelos teóricos podem ser úteis: a ecologia da sucessão, o modelo de fuga de Janzen-Connell, a hipótese da limitação do recrutamento e a teoria natural da diversidade de espécies.

A ideia apresentada por Janzen-Connell é que a dispersão de sementes elimina a morte de sementes e plântulas devido à densidade e à distância das árvores-mãe.

A hipótese da limitação do recrutamento sugere que o fracasso do estabelecimento das plântulas em qualquer local pode determinar a comunidade de plantas nesse local, que fará parte do conjunto de espécies regionais. As limitações de recrutamento podem ser causadas por fontes de sementes inadequadas, tentativas fracassadas de estabelecimento das plântulas e incapacidade das sementes de chegar a um local de estabelecimento adequado.

A relação mútua na interação entre primatas e plantas é a base da germinação e regeneração das florestas naturais.

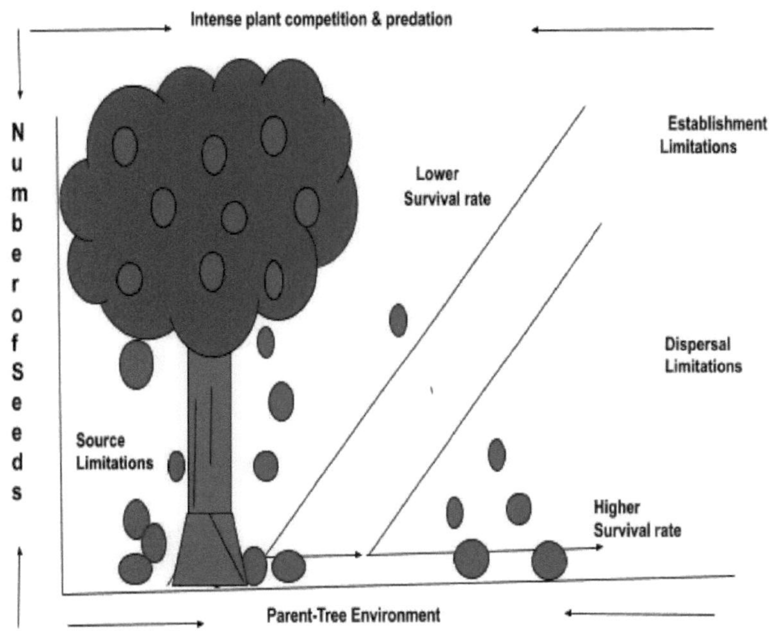

Fig 8: The Janzen-Connell Model

5.3 Comportamento frugívoro dos primatas

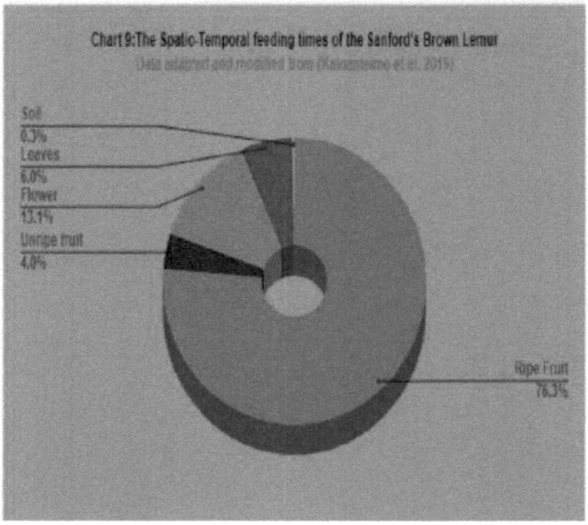

Os "primatas" são importantes na rede de dispersão de sementes nas florestas tropicais. Isto deve-se ao que comem! Consomem frutos, folhas, flores, terra e insectos. Os primatas dependem quase exclusivamente das plantas para a sua alimentação. Para alguns primatas, consomem tanto os frutos maduros como os frutos verdes; para outros, apenas estes últimos. Diz-se que o lémure castanho de Sanford (Eulemur Sanfordi) Archibold (1932) consome 26 espécies diferentes de 17 famílias e que nas suas amostras fecais se encontram, no mínimo, seis espécies. Os chimpanzés (Pan troglodytes) dispersam cerca de 18 espécies de frutos em 14 famílias e têm 95% das suas fezes como sementes.

Os gorilas comem frutos a toda a hora; a quantidade de frutos pode ser estimada através da estimativa do conteúdo da unidade fecal de 41 sementes cada, e defecam 6,7 vezes por dia. Os chimpanzés são dispersores de sementes muito valiosos porque dispersam sementes pequenas e grandes. O bonobo é considerado um primata frugívoro de grande sucesso. O Bonobo dispersa plantas, que representam 40% das espécies de árvores e 65% das árvores individuais no local de estudo (12 censos de parcelas de 1 hectare).

Um estilo de vida frugívoro típico pode ser visualizado a partir da rotina diária do lémure castanho (Eulemur sanfordi). Os meses de maior e menor alimentação do lémure castanho são novembro e janeiro, respetivamente. Nestes meses, 16-29% do seu tempo é gasto em alimentação. 40% do tempo mensal de alimentação do lémure castanho é dedicado a frutos maduros. O gráfico 9 ilustra os tempos de alimentação espácio-temporais do lémure castanho de Sanford, um primata típico. Embora o consumo de grandes quantidades de frutos possa não significar uma dispersão efectiva de sementes, os locais com mais primatas podem definitivamente ter uma maior deposição de sementes e densidade de plântulas, mas o recrutamento destas plântulas continua a ser um desafio. Isto porque outros factores, como o tempo e o espaço, podem afetar as sementes depositadas e limitar o processo de recrutamento das plântulas.

Os primatas têm órgãos olfactivos sensíveis e são capazes de detetar a cor e o cheiro dos frutos. Os frutos verdes e maduros são consumidos, mas preferem os frutos maduros. Uma grande percentagem das espécies arbóreas das florestas tropicais depende dos primatas para a dispersão das suas sementes. Plantas com sementes grandes como a M. myristica, que tem 16 cm de diâmetro com cascas grossas de 1,8 cm, têm poucos animais que podem abrir os frutos. Nestes casos, os primatas desempenham um papel indispensável no descasque e na dispersão das sementes através da ingestão e da defecação.

5.4 Endozoocoria e manuseamento de sementes

Os movimentos dos enormes primatas são incríveis. Isto tem um efeito na organização genética geográfica e na diversidade da população de plantas. O macaco-de-nariz-dourado tem uma grande área de habitação e pode percorrer até 40 quilómetros, 0,92 quilómetros na estação quente e 3,76 quilómetros nas outras. Durante a estação das chuvas, o gorila desloca-se menos e mais durante a estação seca. Os gorilas podem viajar a velocidades que variam entre 0,3 e 5,3 quilómetros por hora, percorrendo uma distância média de 2 a 2,5 quilómetros. 90% dos excrementos dos gorilas são constituídos por sementes.

Os primatas manuseiam sistematicamente as sementes, desde a colheita dos frutos até à dispersão das sementes intactas nas fendas das árvores para uma germinação bem sucedida. Os primatas conseguem identificar os tamanhos, formas e cores que preferem. Lava as sementes, transporta-as em sacos de controlo, abre-as, mastiga-as, escarifica-as e escarifica-as

Tempo de passagem no intestino e taxa de passagem das sementes no intestino dos macacos tibetanos. C. nictitans cospe as sementes depois de comer o exocarpo carnudo. Os macacos de probóscide, os Colobines e os macacos de nariz arrebitado dourado têm ambos grandes silvados com saculações que favorecem a decomposição dos alimentos por enzimas e ácidos naturais.

Uma taxa de germinação mais elevada é também influenciada pela passagem das sementes através dos estômagos de C. nictitans, macacos bugios (Alouatta palliata) e bonobos (Pan paniscus). Os macacos Samango (Cercopithecus mitis labiatus) comem as secções do exocarpo de Clivia miniata (Amaryllidaceae) e transportam os frutos nas suas bolsas; a sua incapacidade de absorver as sementes mortais é a razão para o cuspo. As sementes cuspidas estão mais próximas das árvores-mãe, enquanto que as sementes em bolsas estão a cerca de 1 metro de distância. O transporte de sementes em bolsas aumenta a possibilidade de as sementes atingirem boas áreas longe das árvores-mãe, com maiores taxas de mortalidade em S. multiflorus e S. puniceus. A figura 11 ilustra parte da influência da passagem intestinal de E. Sanford no período latente.

Tabela 2: O efeito da passagem das sementes pelos intestinos de E.Sanfordi influencia os períodos latentes das sementes e as percentagens de germinação.

Modificado de (Kaloantsimo et al. 2016)

Scientific Name	Family	Average Latency Period (Non Passed Seeds) (NALP)	Germination rate % (Non-Passed Seeds) (NGR)	Average Latency Period (Passed Seeds) (PALP)	Germination rate % (Passed Seeds) (PGR)
Canarium Madagascarnense	Burseraceae	52	35	35	100
Chrysophyllum bolivinianum	Sapotaceae	85	25	70	80
Cryptocarya ambrensis	Lauraceae	57	40	45	65
Dichapetalum bojeri	Dichapetalaceae	90	65	60	85
Eugenia Lokohenso	Myrtaceae	95	10	83	65
Mendoncia Cowanii	Acanthacease	86	20	74	60

As entranhas do gorila Gorilla aumentam a germinação das sementes mais do que as de muitas outras espécies de primatas. Entre eles, o mangabey, o macaco de bigode, o guenon de nariz branco, o guenon coroado e o chimpanzé. As sementes das entranhas do gorila tiveram uma taxa de germinação de 62%. As sementes dispersas pelos primatas parecem localizar sempre habitats que favorecem a germinação.

5.5 Características da deposição de excrementos dos primatas

O estrume dos primatas cria uma variedade de padrões de sementes nas suas áreas de dormir. Os frutos, sementes e folhas devorados produzem fertilizantes naturais com valores de azoto, fósforo e potássio mais elevados do que os encontrados apenas na folhagem. Isto pode melhorar o crescimento das sementes, das plântulas e das árvores e é benéfico para o solo das florestas tropicais, que tem pouca matéria orgânica e menos nutrientes devido à frequente reciclagem de nutrientes.

Os escaravelhos do estrume são atraídos pela forma aglomerada de disposição do estrume do Howler. Durante as suas operações, o escaravelho cobre as sementes com areia. Ao contrário dos excrementos de guan (Penelope supercilaris) e de capuchinho (Sapujus nigritus), que são menos atraentes para estes insectos,

Mais ainda, as sementes defecam; estas últimas, enterradas no estrume, são preservadas da predação mas, infelizmente, não dos ataques de fungos. Quando os macacos Howler, Guans e Capuchinho foram trazidos de volta para o campo depois do cativeiro, grandes plantas com sementes de 3-14 mm de diâmetro foram estabelecidas em maior número. O Howler teve um desempenho muito melhor devido às actividades dos escaravelhos do estrume, que encorajaram a proteção das sementes contra os predadores, e porque a cobertura das sementes com areia pelos escaravelhos aumentou a sua germinação mais do que as sementes nos excrementos dos Guans e dos Capuchinhos.

As sementes de Dialium guianense que passaram pelas entranhas dos macacos bugios (Allouatta palliata) tiveram 70% de sucesso. Verificou-se que as plântulas de árvores exigentes em luz, que tinham mais de um ano de crescimento, beneficiaram mais dos nutrientes dos depósitos de estrume do Colobus vermelho numa experiência de crescimento controlado.

Num estudo de campo controlado de parcelas replicadas, as espécies de árvores que exigem luz registaram um aumento do diâmetro à altura do peito, enquanto as árvores tolerantes à sombra não foram influenciadas. As poucas árvores localizadas logo acima das latrinas dos macacos-aranha (Ateles geoffroyi) em florestas contínuas (Tabela 5) tiveram um aumento de diâmetro em comparação com as árvores da mesma espécie localizadas da mesma forma, mas em florestas fragmentadas.

Tabela 3: Resumo dos traços dos primatas e potenciais efeitos na germinação de sementes e no recrutamento de plântulas

Endozoochory Traits	**Role in Seed Germination**	**References**
Cleaning and de-pulping seeds ability including mastication.	Breaking germination inhibitions, scarification and ingestion	(Evenari, 1949; Sengupta et al. . 2014; Samuel and Levey, 2005; Traverse et al. 2017)
Long digestive tracts: symbiotic bacteria	Fermentation that enhances the seed coat permeability to water and gas exchange	(Watermelon & Kool, 1994)
A large sacculated forestomach encouraging deleteriousness	Stomach structure effect: slow metabolism	(Davies & Oates, 1994)
Long gut retention time	Long-distance seed dispersal/ spatial distribution of genetic diversity	(Bai et al. 2019; Russo & Chapman, 2011; Su et al., 1998; Li, 2002).
Fruits and Seeds swallowing	Defecation of wholesome viable seeds	(Sengupta et al . 2014; Lambert 1999)
Dung Piles deposition on Nest sites	Enhanced growth hotspots for Light demanding tree seedlings. Dung serves as natural fertilizer	Milton et al., 1980; Nagy & Milton, 1979)
Wide ranging Pattern	Spatial distribution of nutrients and lowering of spatial genetic structure	(Poulsen et al., 2001; (Wang et al. 2007; Jordano et al. 2007))
Primates Dung Deposition Traits	**Role in Seedling Recruitment**	
Fruits and seeds Mastication	Fast liberation of fruits and seed locked nutrients through consumption.	(Ripple et al., 2015; Evenari, 1949; Sengupta et al. . 2014)
Leaves Mastication	Fast liberation of leaf-locked nutrients through consumption.	(Ripple et al., 2015; (Evenari, 1949; Sengupta et al. . 2014)
Gut and digestive system with beneficial microbes	Fermentation releases volatile fatty acids, carbon dioxide and methane from plant fibre.	(Watermelon & Kool, 1994; Davies & Oates, 1994)
Flattening of Vegetation at Nesting sites	Creating light gaps with dense understorey for seed germination	Goldsmith, 1999; Voysey et al., 1999; Tutin et al.,2001)
Defecation, dung deposition and Urination	Fertilizer effect: Nitrogen, Potassium and Phosphorous	(Santiago et al., 2012; Chapman,1989; Lieberman et al., 1979)

Quadro 4: A deposição de estrume nos locais de dormida do macaco-aranha influencia o crescimento secundário das espécies arbóreas (a disponibilidade de árvores era de 0,2 ha por local). Modificado de (Velazquez-Vazquez et al. 2015)

		Continous forest 1		Continous forest 2		Fragment Forest 1		Fragment Forest 2	
Sites/family	Species	Used/Available DBH (cm)		Used/Available DBH (cm)		Used/Available DBH (cm)		Used/Available DBH (cm)	
Meliaceae	Guarea glabra	23.3	36.2	24	35.8	23.5	36	17.6	34.2
Ulmaceae	Ampelocera hottlei	41.8	63.0	27	33.9	-	-	-	-
Caesalpini-aceae	Dialium guianense	51.3	53.2	42.8	61.4	27.70	45.8	24.3	34.5
Moraceae	Brasimium alicastrum	106.3	79.6	84.5	61.0	42.6	68.5	43	39.5

5.6 Regeneração natural assistida por primatas (PANR)

O restabelecimento das interacções ecológicas naturais num terreno degradado é possível através de meios naturais. A história de uma paisagem, um local próximo de uma floresta e o agente de dispersão das espécies que chegaram mais cedo são alguns dos factores que influenciam as fases de sucessão de uma paisagem que está prestes a recuperar o seu antigo estado saudável. Uma exceção à regra são as paisagens que sofreram soterramentos. Estas actividades antropogénicas destroem os conjuntos de ecossistemas e dificultam o seu restabelecimento.

As primeiras espécies a tomar conta de um terreno degradado, pronto para a sucessão, são as espécies pioneiras, levadas pelo vento como agente de dispersão. As segundas a chegar são as espécies tolerantes à sombra, cujo sítio é agora adequado à sua adaptação. Estas espécies são maioritariamente transportadas por mamíferos e agentes de dispersão de aves gigantes e são frequentemente referidas como plantas de sucessão tardia. Estas são fundamentais para o FRe, com a maioria dos serviços ecológicos, interacções e funções em vigor.

Os factores biológicos que afectam a regeneração natural incluem a taxa de produção de sementes, a dispersão de sementes e a predação de sementes. No entanto, as árvores pioneiras de baixa qualidade dominam a regeneração descontrolada. É possível melhorar a regeneração natural NRe em plantações de madeira através da implementação da ecologia das sementes de árvores; isto significa organizar cientificamente o sistema reprodutivo das espécies de plantas de modo a aumentar a produção de sementes e flores. A utilização de agentes bióticos que aumentam o recrutamento, como os primatas, pode reduzir a dependência da regeneração não natural nas florestas tropicais.

5.6 Desafios da gestão sustentável das florestas (GSF)

Quatro países com abundância de primatas são o Brasil, Madagáscar, Indonésia e a RDC. actividades de exploração madeireira insustentáveis; a fragmentação e a perda de habitat continuam nos primeiros três países, enquanto a caça continua na RDC. A introdução de directrizes de gestão florestal sustentável nas concessões florestais da bacia do Congo foi acolhida com grandes expectativas de melhores produções de madeira, mais divisas e comércio internacional. Esperava-se também que os benefícios económicos viessem acompanhados de uma maior proteção da biodiversidade. Infelizmente, isto ainda não se concretizou plenamente.

A legislação florestal aplicada às concessões na Bacia do Congo como resultado do MFS foi verificada através da avaliação de áreas que tinham diferentes regimes de gestão, com as que eram geridas pelos princípios do MFS e pela legislação florestal como um estudo de caso. Verificou-se um aumento da taxa de desflorestação apesar da conformidade. As concessões sem a política de GSF apresentaram um aumento da produção legal de madeira.

Por conseguinte, sugere-se que as taxas de desflorestação para um determinado nível de produção de madeira possam ser uma métrica que represente com maior exatidão um aspeto das consequências da gestão florestal. Deve ser considerada uma avaliação das soluções de compromisso associadas a um conjunto mais vasto de objectivos sociais, financeiros e ecológicos. Na documentação da responsabilidade social das empresas (RSE), as empresas madeireiras favorecem a divulgação das suas contribuições através do desempenho ambiental. A RSE é valorizada devido ao envolvimento das partes interessadas, e cada empresa deseja atrair mais benefícios económicos decorrentes do cumprimento dos requisitos da RSE.

É absolutamente necessário que os governos responsáveis apliquem leis de desempenho e proteção ambiental. A colaboração multidimensional com todas as partes interessadas locais e internacionais é necessária para uma mudança urgente e sustentável.

Capítulo 6: Debate

[Lista de citações no Apêndice 5]

6.1 Analisar as publicações de investigação

Esta revisão foi alimentada por publicações de duas grandes potências do conhecimento em ciências ambientais, silvicultura e primatologia. 10,9% das publicações foram da revista de primatologia e 13,6% da revista de ecologia tropical (Quadro 6). Seus fatores de impacto (FI) são 3,04 para a primeira e 1,333 para a segunda. Ambas são plataformas de intercâmbio de conhecimentos de renome para entusiastas, investigadores e profissionais de todo o mundo. Human E.W. ocupa uma posição de destaque entre os outros autores, aparecendo em 10 publicações (Quadro 5). É de origem alemã, e a Alemanha está intensamente envolvida em muitos projectos de investigação de primatas incentivados em todo o mundo.

Os Gráficos 3 e 4 apresentam o sudeste de África, seguido da América do Sul, como a principal localização geográfica com o maior número de publicações. Madagáscar, o Brasil, a Indonésia e a RDC foram considerados o habitat de 65% dos primatas do mundo, e 6% destes estão na Lista Vermelha da IUCN como ameaçados, em perigo ou criticamente em perigo. O Brasil e Madagáscar têm 38% dos seus habitats em áreas protegidas, a Indonésia tem 17% e a RDC tem 14%, o que indica que a maioria das populações de primatas continua vulnerável. As populações de primatas no Brasil, Madagáscar e Indonésia estão ameaçadas principalmente pela perda e fragmentação do habitat. Existe uma grande vulnerabilidade entre os primatas no Brasil e em Madagáscar, onde 38% da sua área de distribuição se encontra em áreas protegidas; 17% na Indonésia; e 14% na República Democrática do Congo.

Os artigos revisados mostram as árvores (39,4%) e os primatas (26,7%) como tendo maiores percentagens na tendência de discussão sobre a dispersão de sementes nas florestas tropicais (Gráfico 1). A tendência dos artigos de revisão justifica as plantas e os animais como tendo relações mútuas que são os blocos de construção e a estrutura para a manutenção das florestas tropicais. Há mais de vinte anos, a história mostrava que os estudos de dispersão de sementes eram mais focados em aves e morcegos do que em primatas. As recentes tendências antropogénicas dos últimos anos parecem ter mudado as marés.

Desde a conservação da floresta, políticas florestais e leis e regulamentos florestais até estudos de populações de plantas, genética, distribuição espacial de plantas e composição futura da vegetação, estas áreas e outras são todas influenciadas pela dispersão de sementes de primatas e somam-se para formar as seis interacções ecológicas apresentadas no quadro 2. As áreas também afectam a riqueza das populações de primatas através de estudos de investigação e de eventos naturais e antropogénicos conduzidos pelo homem, como a caça, a agricultura e o desenvolvimento. A regeneração das árvores implica o restabelecimento das interacções, dos serviços ecossistémicos e das funções de uma paisagem. Quando a regeneração natural é orientada para a restauração da floresta, pode ser assistida como regeneração natural passiva da floresta ou regeneração natural ativa da floresta. As florestas tropicais naturais são estáveis porque os processos abióticos e bióticos interagem. O gráfico 2 mostra também as interacções ecológicas mutualistas provocadas pela dispersão de sementes pelos primatas nas florestas tropicais. A relação primata-planta pode ser explorada e aproveitada na regeneração natural assistida por primatas (PANR) de paisagens degradadas em todo o mundo para melhorar as consequências das alterações climáticas.

De 1998 a 2022, o número de publicações e de investigação sobre a dispersão de sementes por primatas atingiu um pico. Foi nessa altura que se deu o alarme sobre o provável colapso dos ecossistemas naturais devido à sobre-exploração. Os esforços de conservação começaram a atrair muita atenção e a procura de mais conhecimentos sobre a dispersão de sementes de primatas e as interacções ecológicas nas florestas levou a mais publicações de investigação. A dispersão de sementes de primatas tem progredido nos últimos vinte anos. A investigação passou do estudo do estilo de vida individual dos primatas que comem frutos e das populações de plantas para a estrutura e função de redes de interação completas. A investigação expandiu-se de algumas espécies de primatas para primatas em comunidades de frugívoros comuns. Estão agora a ser estudados processos para além dos padrões na conservação dos primatas; os resultados do declínio dos primatas estão agora a ser previstos e avaliados.

O método de investigação predominante, que abrangeu 43,2% das 146 publicações (após seleção do título), foi o estudo de campo controlado (ver Gráfico 8). Descobriu-se que a investigação de campo controlada engloba um vasto panorama de investigação científica ecológica que inclui os tratamentos aleatórios e replicados e a observação de parcelas de exclusão em florestas de diversos tipos. Os ensaios de campo controlados e replicados foram a metodologia de investigação mais comum, seguidos dos ensaios controlados e aleatórios.

A investigação e as experiências de campo têm uma elevada classificação ecológica porque os primatas são estudados no seu ambiente natural. Permite a observação de acções e reacções naturais. É também difícil de repetir e pode não dar resultados muito fiáveis. Descobriu-se que os ensaios controlados envolviam experiências laboratoriais e representavam 23,7% dos artigos revistos. As experiências laboratoriais foram realizadas com ou sem estudos de campo. As amostras foram criadas com uma análise de controlo. Exemplos incluem testes de viabilidade de sementes, germinação em placas de Petri e tratamentos de dormência de sementes. Os ensaios controlados permitem o controlo de todos os factores envolvidos ou relacionados com uma experiência. Não permite cenários da vida real. É repetível e tem maior fiabilidade.

O tipo de investigação mais comum foi o de ensaios de germinação controlados, tendo sido dada uma atenção mínima às experiências com o lóbulo olfativo dos primatas.

6.2 Continuidade e escala da investigação

Observou-se que várias das experiências de investigação tiveram uma duração inferior ou ligeiramente superior a 24 meses e foram realizadas a uma escala mais pequena, não tendo sido aproveitadas as vantagens de uma investigação em grande escala e a longo prazo. Sugere-se que as interacções ecológicas devem ser vistas numa perspetiva de longo prazo. Em todas as espécies de primatas, a investigação a longo prazo oferece a oportunidade de comparar e contrastar o que foi realizado; no entanto, problemas de financiamento, recusas de autorização por parte dos países anfitriões, instabilidade política e falta de financiamento podem influenciar a longevidade de um estudo. Na primatologia, é muito difícil abordar muitas questões importantes relacionadas com o comportamento, a ecologia, o desenvolvimento e as histórias de vida. As espécies de primatas de interesse, bem como o método de investigação, determinam a duração da investigação. Os desafios e constrangimentos da investigação de campo podem ser melhor compreendidos quando se conhece a localização e as comodidades de um local de campo. Para além disso, podem ser aplicadas economias de escala. A investigação a longo prazo pode permitir a recolha de diversos dados sobre taxa a um custo inferior.

A falta de dados empíricos a longo prazo para comunicar os efeitos da caça, por exemplo, nas comunidades florestais, influencia o nível de proteção dos primatas em muitos países. Limita a conservação dos primatas a razões morais e éticas para a proteção das espécies.

6.3 A percentagem final de germinação (FGP)

Os testes controlados de germinação de sementes foram a investigação mais comum nas publicações analisadas. 19 entradas ou publicações únicas discutiram as percentagens de germinação de várias sementes que passaram pelas entranhas de espécies de primatas. Frases como 'sucesso de germinação', 'emergência de sementes' e 'testes de viabilidade de sementes'. A maioria das experiências apresentou como resultado uma percentagem final de germinação (FGP). O quadro 3 mostra o efeito da passagem intestinal de E. Sanford no período latente e na germinação das sementes como um exemplo típico. Observou-se que quase todas as experiências de germinação na revisão têm dificuldade em analisar e interpretar os resultados. Embora os métodos utilizados para avaliar a germinação e a emergência das sementes possam ser analíticos ou gráficos, sabe-se que a germinação das sementes ocorre num momento específico, mas cada semente pode responder de forma diferente a um tratamento.

Numa experiência em que foram testadas três espécies para determinar a exatidão da representação da percentagem de germinação em relação a correlações temporais, a exatidão da representação da dispersão temporal da germinação e a exatidão da representação da uniformidade da germinação de lotes de sementes, o FGP foi considerado inadequado na comparação de dois conjuntos de dados; a sua utilização para comunicar resultados revelou-se insuficiente porque um lote de sementes pode ter germinado bem antes de outro, mas ambos atingiram a mesma percentagem de germinação.

6.4 A inspeção fecal macroscópica

Uma proporção notável das análises fecais controladas na revisão utilizou a inspeção macroscópica para as análises (Quadro 9). As amostras fecais analisadas de uma população de espécies fornecem informações sobre a dieta ou o padrão de alimentação de um indivíduo ou de uma população. Também se podem obter informações sobre as taxas de passagem de objectos através do intestino. A inspeção macroscópica das fezes valida frequentemente a observação humana na análise das fezes, como se pode ver nas tendências da experiência controlada na revisão.

As observações directas das fezes foram comparadas com a inspeção microscópica, com o objetivo de descobrir os níveis de precisão das inspecções macroscópicas, e 10 amostras fecais analisadas por chimpanzés em idade adulta identificaram 86% das espécies que comeram frutos, em comparação com apenas 21% das espécies que comeram folhas. Foi estudada uma parte das espécies que se alimentavam de frutos, para além de uma parte que se alimentava de folhas, que foi inspeccionada macroscopicamente. Verificou-se que o método era incapaz de identificar os elementos dos alimentos que não eram frugívoros. Os vestígios da faunivoria da espécie tinham desaparecido, com grande parte dos alimentos consumidos. As quantidades reduzidas de insectos ou de elementos faunívoros são também subestimadas pelo método.

6.5 Crescimento das árvores e fertilizante de excrementos de primatas

Três experiências de crescimento controlado no terreno foram registadas na revisão: Em primeiro lugar, a espécie arbórea Choerospondias axillaris (Anacardiaceae), exigente em termos de luz, tem uma relação mutualista com gibões (Hylobates lar), veados (Muntiacus muntjak) e sambar (Cervias unicolor). Todos os animais parecem estar envolvidos na dispersão de sementes, mas de forma diferente, sem benefícios mutualísticos. Os gibões foram os dispersores mais bem-sucedidos, pois dispersaram as sementes em clareiras de copa, onde as plântulas e os rebentos germinaram com sucesso e encontraram brotos. Assim, C. axillaris só pode sobreviver em clareiras criadas por quedas naturais de árvores ou por eventos antropogénicos que podem causar clareiras na floresta. Em segundo lugar, as plântulas de árvores exigentes em termos de luz, com mais de um ano de crescimento, aumentaram em comprimento e altura com a aplicação de estrume do Colobus vermelho.

O crescimento ocorre de duas formas: o crescimento primário ocorre nas raízes e nas pontas dos rebentos, estimulando ganhos em altura e comprimento, enquanto o crescimento secundário é estimulado pelo engrossamento dos ramos e caules. O nitrogénio, o fósforo e o potássio são prontamente convertidos em energia por árvores que exigem luz durante a sua fase inicial de crescimento, enquanto as espécies que gostam de sombra podem não o fazer. Em terceiro lugar, numa experiência de campo controlada, as árvores que cresceram acima das latrinas do macaco-aranha (Ateles geoffroyi) tiveram um aumento notável do diâmetro à altura do peito (Quadro 5). Observa-se um aumento exponencial do diâmetro à altura do peito nas florestas contínuas do que nos fragmentos.

Nas clareiras das florestas tropicais existe uma competição por nutrientes entre os rebentos, as plântulas e os novos rebentos. As espécies clímax germinam e crescem lentamente para ocupar as zonas de sombra da floresta. As espécies pioneiras estabelecem-se e crescem rapidamente nas zonas de maior luminosidade da floresta. São também as primeiras a ocupar os recursos e o espaço. As pequenas aberturas no dossel parecem favorecer as árvores que gostam de sombra. Estas encontram-se frequentemente nestas aberturas como sementes, plântulas e rebentos até que as pequenas aberturas sejam criadas. A Tabela 5 ilustra, portanto, a dinâmica das espécies clímax e das espécies pioneiras em florestas contínuas e fragmentadas, o que pode ser útil na seleção de espécies de árvores para o estabelecimento e gestão de projectos FRg.

6.6 Características da Diplocoria dos Primatas

O escaravelho do estrume foi descoberto na revisão como o agente secundário de dispersão de sementes nos locais de deposição de estrume dos primatas. Embora o desempenho dos primatas influencie o resultado da segunda fase, a investigação mostra que a segunda fase influencia fortemente a eficácia do evento de dispersão.

Antes da dispersão, 981 sementes dispersas por espécies de micos foram caracterizadas e marcadas (Saguinus mystax, Leonticebus nigrifrons). Após cerca de um ano, descobriu-se que as sementes dispersas por L. nigrifrons eram enterradas por besouros de esterco. O enterramento aumentou a sobrevivência das sementes aos predadores na floresta tropical. O enterramento também aumentou a germinação nos habitats. A dispersão secundária de sementes por um mecanismo diferente do da primeira fase aumenta a eficácia do resultado.

Capítulo 7: Conclusão

Entre as características distintivas dos primatas estão o cérebro grande, os olhos proeminentes e virados para a frente, as cavidades bucais frugívoras, a grande mobilidade, os membros que aumentam e a sensibilidade ao olfato e ao paladar. Os primatas e as plantas arbóreas frutíferas devem ter algum tipo de atração que os une. A investigação provou que a cor, o cheiro, o sabor e os nutrientes energéticos dos frutos podem ser a atração.

As características biológicas e comportamentais simples dos primatas afectam positivamente todas as fases do ciclo de vida das árvores. Os resultados das interacções dos primatas com as plantas repercutem-se na população e nas comunidades e formam a estrutura e a composição das florestas. No caso de paisagens degradadas que se pretendem reabilitar, a perturbação das fases de recrutamento de várias espécies pode perturbar as fases de sucessão natural da restauração ou desestabilizar os ecossistemas florestais. Os primatas podem não ser agentes bióticos primários em sítios em fase de sucessão, mas a sua rápida chegada traz consigo muitas funções dinâmicas naturais, que podem causar uma rápida recuperação das capacidades ecológicas perdidas.

A contribuição dos primatas para o ciclo de vida de uma semente pronta a germinar através da remoção de sementes da zona de elevada taxa de mortalidade em torno das plantas-mãe, a eliminação da inibição do crescimento das sementes através da despolpa, a quebra da dormência das sementes e a redução do período de latência das sementes através de um maior número e de uma germinação mais rápida das sementes podem ser aproveitadas em programas activos e passivos de recuperação de florestas naturais.

A enorme acumulação de nutrientes pode ser controlada para o rápido crescimento de árvores especializadas, aproveitando os padrões de deposição de estrume e as actividades de enterramento de sementes dos dispersores secundários de sementes.

Os primatas, através das suas características de frugivoria, endozoocoria e deposição de defecação, diminuem a inibição da origem das sementes, melhoram o estabelecimento das plântulas e aumentam o crescimento das plantas arbóreas no ambiente florestal.

7.1 Recomendação

A caça ilegal e a devastação das florestas devem ser travadas o mais rapidamente possível pela aplicação da lei. Temos de trabalhar com organizações internacionais, empresas multinacionais e países consumidores para intensificar a consciencialização pública local e mundial, a fim de diminuir as exigências insustentáveis sobre o ambiente. Os quatro países da área de distribuição dos primatas devem assegurar que o planeamento integrado e sustentável do uso da terra para o desenvolvimento económico inclua a conservação da biodiversidade e a preservação de ecossistemas naturais intactos e funcionais. Todas as partes interessadas devem colaborar na investigação científica e na implementação dos resultados. Os académicos, investigadores e organizações ligadas à educação e formação do público devem ser encorajados pelo governo e pelas organizações internacionais responsáveis.

Os macacos do Velho Mundo, da família Cercopithecidae, podem ter uma riqueza oculta de conhecimentos que podem ajudar o mundo da investigação médica humana no que respeita às doenças que evoluíram recentemente. A sua adaptação ao seu ambiente agreste e aparentemente hostil pode trazer muitos esclarecimentos à sociedade humana sobre os desafios das alterações climáticas. Em termos de abrangência, o Sucesso de Germinação (GI) reconhece a percentagem de germinação e a velocidade de germinação, tendo em consideração a propagação, a duração e a experiência de eventos altos e baixos. Com uma medida numérica facilmente comparável, amplia a variação entre os lotes de sementes. A Inspeção Macroscópica de Fezes (IM) pode ser combinada com observações focais. Isto permite concentrar intensamente a máxima atenção numa amostra individual e permite a recolha de dados mais precisos sobre o tempo e a frequência.

O efeito do esterco de primata na dinâmica do clímax e do pioneiro requer mais investigação. O conhecimento pode ser explorado para a gestão de projectos de restauração florestal (FRe) em paisagens degradadas nos trópicos. Pode ser vantajoso para as instituições concentrarem os seus esforços de gestão em primatas de grande porte, uma vez que o controlo de um deles pode ter um efeito tremendamente positivo na regeneração de uma floresta e na capacidade da floresta para absolver e apoiar outros consumidores primários. A interação inter e intra-espécies dos primatas resulta numa dispersão de sementes mais eficaz, pelo que se defende a realização de mais estudos interdisciplinares.

7.2 Perspectivas futuras

Mesmo em 2030, parece que as Nações Unidas não conseguirão manter as temperaturas globais abaixo de 1,5 graus Celsius. Muitos países identificaram as florestas como um método para atingir este objetivo aparentemente inatingível.

A sugestão de rewilding dos nossos espaços anteriormente florestais aponta firmemente para os benefícios da regeneração natural das florestas assistida por primatas (PANR). A inclusão das florestas como chave para a consecução dos objectivos climáticos é um reconhecimento da floresta como um sumidouro de carbono eficaz. A ideia de que devemos reflorestar as nossas áreas anteriormente florestais apoia os benefícios da regeneração natural das florestas assistida por primatas (PANR). Ao incluir as florestas nos objectivos climáticos, a floresta é reconhecida como um sumidouro de carbono eficaz. As fases de sucessão de um espaço florestal natural, mas em recuperação, podem ser assistidas por primatas e podem também ser monitorizadas pelo homem para proteger os rebentos de cepos de árvores mortas, monda, poda e muito mais.

O futuro dos espaços abandonados e degradados do mundo pode estar na regeneração natural assistida por primatas (PANR), que utiliza as suas características mutualistas com as plantas. As terras anteriormente florestadas ou as terras próximas de áreas florestadas podem beneficiar da relação mutualista dos primatas com as plantas.

O estudo alargado e a longo prazo das espécies primatas não famosas do velho e do novo mundo pode revelar surpresas sobre a forma como o não primata: o ser humano pode adaptar-se aos crescentes problemas de saúde e ambientais do século, como as alterações climáticas e as infecções virais.

Referências

Adams, W. M. e Infeld, M. (2003). Quem está na folha de pagamentos do gorila? Reclamações sobre as receitas turísticas de um Parque Nacional do Uganda. World Development 31: 177-190pp.

Almeida-Rocha, J. M., Peres, C. A., & Oliveira, L. C. (2017). Respostas de primatas à perturbação antropogénica do habitat: uma meta-análise pantropical. Biological Conservation, 215, 30-38pp.

Archabald, K. e Naughton-Treves, L. (2001). Tourism revenue-sharing around national parks in Western Uganda: early efforts to identify and reward local communities. Environmental Conservation 28: 135-149pp.

Arksey H, O'Malley L:(2005). Scoping studies: towards a methodological framework. Revista Internacional de Metodologia de Investigação Social: Teoria e Prática, 8: 19-32pp.

Arroyo-RodriguezV S., Mandujano e Cuende-Fanton, C. (2005). Ocupação de manchas de floresta tropical por bugios Alouatta palliata mexicana em três paisagens com diferentes graus de fragmentação em Los Tuxtlas, México. Univ. Ciencia. s.i. II: 23-34pp.

Beckman, N. G., Neuhauser, C., e Muller-Landau, H. C. (2012). The Interacting Effects of Clumped Seed Dispersal and Distance and Density-Dependent Mortality on Seedling Recruitment Patterns. J. Ecol. 100, 862-873pp.

Beckman, N.G. e Muller-Landau, H.C. (2007). Efeitos diferenciais da caça na predação pré-dispersiva de sementes e na remoção de sementes primárias e secundárias de duas espécies de árvores neotropicais. Biotropica, 39(3), 328-339pp.

Bennett, A. J. (2015). Nova era para a investigação com chimpanzés:

implicações gerais das decisões de investigação com chimpanzés. Psicobiologia do desenvolvimento 57: 279-288pp.

Bontrop, R. E. (2001). Primatas não humanos: parceiros essenciais na investigação biomédica. Immunological Reviews 183: 5-9pp.

Capitanio, J. P. e Emborg, M. E. (2008). Contribuições dos primatas não humanos para a investigação em neurociência. The Lancet 371: 1126-1135pp.

Briggs, J. Manual dos Revisores do Instituto. (2015). Metodologia para a revisão de escopo do JBI. Instituto Joanna Briggs. Disponível em: https://reben.com.br/revista/wp-content/uploads/2020/10/Scoping.pdf. Acedido: em [14/09/2023]

Associação de Investigação Biomédica da Califórnia (2015). Ficha informativa: primatas na investigação biomédica. Disponível em: https://gleek.ecs.baylor.edu/static/pdf/California_Biomedical_Research_Association. pdf Acedido: 14/09/2023

Carlsson, H.-E., Schapiro, S. J., Farah, I., e Hau, J. (2004). Utilização de primatas na investigação: uma revisão global. American Journal of Primatology 63: 225-237pp.

CEE (Collaboration for Environmental Evidence). (2013). Diretrizes para revisão sistemática e síntese de evidências em gestão ambiental. Versão 4.2.

Chapman, C. A. (1989). Primate seed dispersal: the fate of dispersed seeds. - Biotropica 21: 341-356pp

Chapman, C. A. (1995). Dispersão de sementes por primatas: Coevolução e implicações para a conservação. EvolutionaryAnthropology: Issues, News, and Reviews, *4*(3), 74-82pp.

Chapman, C. A. e Onderdonk, D. A. (1998). Florestas sem primatas: codependência primata/planta. American Journal of Primatology 45: 127-141pp.

Chapman, C. A. e Peres, C.A. (2001). Conservação de Primatas no novo milénio: O papel dos cientistas. Evolutionary Anthropology: Issues, News and Reviews, 10(1) 16-33pp.

Chapman, C.A., Ghai, R., Jacob, A., Mugume, K., Reyna-Hurtado, R., Rothman, M.J. et al. (2013). Vai, vai, vai: A -year history of the decline of primates in forest fragments near Kibale National Park, Uganda. Em Primates in Fragments: Complexity and Resilience (eds L.K. Marsh & A.C. Chapman), pp. -. Springer, Nova Iorque, EUA

Chaves, O. M., Stoner, K. E., Arroyo-Rodríguez, V., & Estrada, A. (2011). Eficácia de macacos-aranha (Ateles geoffroyi vellerosus) como dispersores de sementes em florestas tropicais contínuas e fragmentadas no sul do México.International Journal of Primatology, 32, 177-192pp.

Chazdon RL, Guariguata MR (2016). Regeneração natural como ferramenta para restauração florestal em larga escala nos trópicos: perspectivas e desafios. Biotropica 48: 716-730pp.

Culot, L., Bello, C., Batista, J.L.F. et al. (2017) Efeitos sinérgicos da perda de dispersores de sementes e predadores no sucesso do recrutamento e consequências a longo prazo para os estoques de carbono em florestas tropicais. Sci Rep 7, 7662pp

Davenport, L., Brockelman, W. Y., Wright, P. C., Ruf, K., e Rubio del Valle, F. B. (2002). Ferramentas de ecoturismo para parques. In:

Terborgh, J., Van Schaik, C., Davenport, L., e Rao M. (Eds), Making Parks Work. pp. 279-306. Washington, DC: Island Press

Effiom, E.O., Nunez-Iturri G, Smith, H.G., Ottosson, U., Olsson, O. (2013). A caça à carne de animais selvagens muda a regeneração das florestas tropicais africanas. Proceedings of the Royal Society B: Biological Sciences 280 (1759): 20130246

Effiom, E. 0., Birkhofer, K., Smith, H.G., e Olsson . (2014). Mudanças na composição da comunidade em múltiplos níveis tróficos devido à caça em florestas tropicais nigerianas. Ecografia, 37 (4), 367-377pp.

Estrada, A; Garber, P. A; Rylands, A.B; Roos, C; Fernandez-Duque, E; Di Fiore, A; Nekaris, K.A. et al. (2017) Impending Extinction crisis ofthe world's primates: Why primates matter. Sci. Adv. 3,e1600946.

Estrada, A.,Garber, A., Mittermeier, R. A., Wich, S., Gouveia, S., Dobrovolski, R. et al. (2018). Primatas em perigo: The significance of Brazil, Madagascar, Indonesia and the Democratic Republic of the Congo for global primate conservation. Peerj 6:e4869.

Evans, D. T e Silvestri, G. (2013). Modelos de primatas não humanos na investigação da SIDA. Opinião atual em VIH e SIDA 8: 255pp.

Fa, J. E., Albrechtsen L., Johnson P. J. e Macdonald D. W. (2009). As ligações entre a riqueza dos agregados familiares, o consumo de carne de animais selvagens e de outras proteínas animais não são invariantes: provas de Rio Muni, Guiné Equatorial. Animal Conservation 12 (2009) 599-610pp.

Fa, J.E. e Brown, D. (2001). Impactos da caça nos mamíferos das florestas húmidas tropicais africanas: A review and synthesis. Mammal Review. 2009;39:231-264pp.

FAO, (2016). Avaliação global dos recursos florestais 2015: Como estão a mudar as florestas do mundo? Roma, Organização das Nações Unidas para a Alimentação e a Agricultura.

FAO (2018). Estatísticas de produção FAOSTAT. http://faostat.fao.org/default.aspx (dezembro de 2018).

Felton, A., Boberg, C., Bjorkman. e Widenfalk. (2013). Identifica e gere os riscos ecológicos da utilização de espécies arbóreas introduzidas na silvicultura de produção da Suécia. Forest Ecology and Management 307: 165-177pp.

Frankie, G. W., Baker, H. G. e Opler, P. A. (1974). Estudos fenológicos comparativos de árvores em florestas tropicais húmidas e secas nas terras baixas da Costa Rica. - J. Ecol.62: 881-919pp.

Frampton, G., Livoreil, B., Petrokofsky, G. (2017). Triagem de elegibilidade na síntese de evidências de tópicos de gestão ambiental. Environ Evid 6, 27pp.

Garber, P. A., e Lambert, J. E. (1998). Primates as seed dispersers: ecological processes and directions for future research. Am. J. Primatol. 45: 3-8pp.

Gonzalez-Zamora, A., Arroyo-Rodriguez, V., Escobar, F., ROS, M., Oyama, K., Ibarra-Manriquez, G. & Stoner, K. E. (2014). A deposição contagiosa de sementes em árvores adormecidas de macacos-aranha limita a dispersão efetiva de sementes em paisagens fragmentadas. PLos one 9(2): e89346.

Haddaway, N.R., Macura, B., Whaley, P., Pullin, A.S. (2018). Roses Reporting standards for systematic evidence syntheses: pro forma, fluxograma e resumo descritivo do plano e condução de revisões sistemáticas ambientais e mapas sistemáticos. Environ Evid. 7 (1). 7pp.

Hansen, M.C., Potapov, P.V., Moore, R., Hancher, M., Turubanova, S. A. (2013). Mapas globais de alta resolução da mudança de cobertura florestal do século XXI. Science 342(6160) :850-853pp.

Harcourt, A. H., Stewart, K. e Inahoro, I. (*1989a*). Nigeria's gorillas: a survey and recommendations. Primate Conservation, 10, 73-76pp.

Holbrook K.M. e Loiselle B.A. (2009). Dispersão em uma árvore neotropical, Virola flexuosa (Myristicaceae): A caça de grandes vertebrados limita a remoção de sementes? Ecology, 90(6), 1449-1455pp.

Howe, H. F. e Smallwood, J. (1982). Ecologia da dispersão de sementes. Revisão Anual de Ecologia e Sistemática 13:201-228pp.

IUCN. (2011). Lista Vermelha de Espécies Ameaçadas da UICN. www.iucn-nredlist.org.

Jacob, A.L., Sengupta, J., Vaccaro, R., Hartter, J., Chapman, C.A. (2008). Como pode a biologia da conservação preparar-se melhor para o declínio da população rural e a homogeneização ecológica? Trop. Conserv. Sci., 4(2008), pp. 307-320pp.

Janzen, D. H. (1969a). Seed-eaters versus seed size, number, toxicity and dispersal. Evolution 23:1-27pp.

Joyner, C., Barnwell, J. W., e Galinski, M. R. (2015). Não brinques mais: os sistemas de modelos de malária de primatas são fundamentais para compreender a biologia do estágio de fígado do Plasmodium vivax, hipnozoítos e recaídas. Frontiers in Microbiology 6: 1-8pp.

Kirkby C. A., Giudice-Granados, R., Day, B., Turner, K., Velarde-Andrade, L. M., Dueñas-Dueñas, A., et al. (2010). The market triumph of ecotourism: an economic investigation of the private and social benefits of competing land uses in the Peruvian Amazon. PLoS One 5(9): e13015.

Konno, K., & Pullin, A. S. (2020). Avalia o risco de viés na escolha de fontes de pesquisa para meta-análises ambientais. Research Synthesis Methods, 11(5), 698-713pp.

Kunz, B. K. e Linsenmair, K. E. (2009). Características dos frutos na dieta dos babuínos: uma comparação com as características das espécies vegetais na África Ocidental. Biotropica, 42(3), 363-371pp.
La estadius, L., S. Maginnis, S. Minnemeyer, P. Potapov, C. Saint-Laurent, e N. Sizer. (2011). Mapeamento de oportunidades para a restauração de paisagens florestais. Unasylva 238: 47-48pp.

Lamb, D., P.D., Erskine e J.A. Parrotta. 2005. Restauração de paisagens florestais tropicais degradadas. Ciência 310: 1628-1632pp.

Lambert, J.E., Garber, P. A. (1998). Evolutionary and ecological implications of primate seed dispersal. Am J Primatol. 45(1):9-28pp.

Leighton, M. e Leighton, D.R. (1983). Respostas de Vertebrados à Sazonalidade da Frutificação numa Floresta Tropical de Bornéu. In: Whitmore, S.T.C. e Chadwick, A.C., Eds., Tropical Rain Forest: Ecology and Management, Volume 2, Blackwell Scientific Publications, Palo, 181-196pp.

Levac, D., Colquhoun, H. e O'Brien, K.K. (2010). Scoping studies: avançar com a metodologia. Implementation Sci 5, 69pp.

Livoreil, B., Glanville, J., Haddaway, N., Bayliss, H., Bethel, A. (2017) de Lachapelle F, et al. Busca sistemática de evidências ambientais usando várias ferramentas e fontes. Environ Evid.6 (1):23.

Martins, M. T (2005). Eficácia comparativa da dispersão de sementes das espécies simpátricas alouatta guariba e brachyteles arachnoides no sudeste do Brasil1. Biotropica, 0(0), 051122071755002.

Martin, R.D. (2012). Primatas. Curr. Biol. Volume 22, edição 18, pp. R785-790pp.

Methley, A., Campbell, S., Chew-Graham, C., McNally, R., Cheraghi-Sohi, S.(2014). PICO, PICOS e SPIDER: um estudo comparativo da especificidade e sensibilidade em três ferramentas de pesquisa para revisões sistemáticas qualitativas BMC Health Serv Res. 14, 579pp.

Muller-Landau, H. C. (2007). Prevendo os efeitos a longo prazo da caça na composição e diversidade de espécies vegetais em florestas tropicais. Biotropica 39: 372-384pp.

Norconk, M. A. e Veres, M. (2011). Propriedades físicas de frutos e sementes ingeridos por primatas predadores de sementes com ênfase em sakis e sakis barbudos. The Anatomical Record 294(12): 2092-2111pp.

Nuñez-Iturri, G.e Howe, H.F.(2007). Carne de animais silvestres e o destino de árvores com sementes dispersas por grandes primatas em uma floresta tropical de várzea na Amazônia ocidental. Biotropica. 2007;39:348-354pp.

Paine, C. E.T, Beck, H. (2007). A predação de sementes por mamíferos de florestas tropicais neotropicais aumenta a diversidade no recrutamento de plântulas. Ecologia 88:3076-3087pp.

Peres, C. A. (1991). Predação de sementes de Cariniana micrantha (Lecythidaceae) por macacos-prego na Amazônia Central. Biotropica 23(3): 262-270pp.

Peres, C.A. 1997. Estrutura da comunidade de primatas em vinte florestas inundadas e não inundadas da Amazônia Ocidental. Journalof Tropical Ecology, vol. 13, no. 3, p. 381-405pp.

Peres, C. A., e Dolman, P. M. (2000). Density compensation in neotropical primate communities: evidence from 56 hunted and nonhunted Amazonian forest of varying productivity. Oecologia, 122 ,175-189pp.

Peres, C.A. (2001). Synergistic Effects of Subsistence Hunting and Habitat Fragmentation on Amazonian Vertebrates (Efeitos Sinérgicos da Caça de Subsistência e Fragmentação de Habitat em Vertebrados Amazônicos). Conservation Biology 15: 1490-1505pp.

Peres C.A., Palacios E. (2007). Efeitos da exploração de caça em toda a bacia sobre as densidades populacionais de vertebrados em florestas amazônicas: Implicações para a dispersão de sementes mediada por animais. Biotropica.39:304-315pp.

Peters, C. R. (1993). Resistência da casca e predação de sementes por primatas de espécies não tóxicas na África Oriental e Austral. Revista Internacional de Primatologia 14(2): 315-344pp.

Poulsen, J. R., Clark, C. J., e Bolker, B. M. (2011). Desacoplando os efeitos da exploração madeireira e da caça em uma comunidade animal afrotropical. Aplicações Ecológicas, 21(5), 1819-1836pp.

Poulsen, J.R., Koerner, S.E., Moore, S., Medjibe, V. P., Blake, S., Clark, C.J, et al. (2017). A caça furtiva esvazia o deserto crítico da África Central de elefantes da floresta. Curr Biol.27: R134-R135pp.

Power, M. E., Tilman, D., Estes, J. A., Menge, B. A., Bond, W J., et al. (1996). Challenges in the quest for keystones. BioScience 46: 609-620pp.

Pusey, A. E., Wilson, M. L., e Anthony Collins, D. (2008). Human impacts, disease risk, and population dynamics in the chimpanzees of Gombe National Park, Tanzania. American Journal of Primatology 70: 738-744pp.

Pussegoda K, Turner L, Garritty C, Mayhew A, Skidmore B, Stevens A, Boutron I, Sarkis-Onofre R, Bjerre LM, Hrobjartsson A, Altman DG, Moher D. (2017). Adesão da revisão sistemática à qualidade metodológica ou de relato. Syst Rev. Jul 19;6(1):131pp.

Queenborough, S. A., Mazer, S. J., Vamosi, S. M., Garwood, N. C., Valencia, R., et al. (2009). Massa de sementes, abundância e sistema de reprodução entre espécies de florestas tropicais: As espécies dióicas apresentam reprodução ou abundância compensatórias? Journal of Ecology 97: 555-566pp.

Renjifo, L.M.(1999). Alterações na composição de uma avifauna subandina após fragmentação florestal de longo prazo. Conservation Biology 13. 1124-1139pp.

Robert, D. M. (2012).Primates.Current Biology, Volume 22, Issue 18, R785-R790pp.

Rogers, M. E., Williamson, E. A., Tutin, C. E. G. & Fernandez, M. (1988): Effects of the dry season on gorilla diet in Gabon (Efeitos da estação seca na dieta dos gorilas no Gabão). Primate Rep. No. 22.

Savage, A., Guillen, R., Lamilla, I., e Soto, L. (2010). Desenvolvendo um programa eficaz de conservação comunitária para micos-de-cabeça-algodão (saguinus oedipus) na Colômbia. American Journal of Primatology 72: 379-390pp.

Stoner K.E., Riba-Hernández P., Vulinec K., Lambert J.E.(2007).The role of mammals in tropical forest regeneration and some possible consequences of their elimination: Uma visão geral. Biotropica. 39:316-327pp

Sibal, L. R. e Samson, K. J. (2011). Primatas não humanos: um papel crítico na investigação das doenças actuais. ILAR Journal 42: 74-84pp.

Stanford CB. The influence of chimpanzee predation on group size and anti-predator behaviour in red colobus monkeys. Anim Behav. 1995;49(3):577-587pp.

Siex, K. S. e Struhsaker, T T (1999). Colobus monkeys and coconuts: a study of perceived human-wildlife conficts. Jornal de Ecologia Aplicada 36: 1009-1020pp.

Teelen, S. (2007). Influence of chimpanzee predation on the red colobus population at ngogo, kibale national park, uganda. Primates, 49(1), 41-49pp.

Terborgh, J. (2012). Inimigos mantêm florestas tropicais hiperdiversas. TheAmerican Naturalist 179(3): 303-314pp.

Toledo-Aceves, T., Trujillo-Miranda, A. L., & Lopez-Barrera, F. (2021). Regeneração de árvores na restauração ativa e passiva da floresta nublada: Grupos funcionais e espécies de madeira. Ecologia e Gestão Florestal, *489p.*

Tylianakis, J.M., Laliberte, E., Nielsen, A., Bascompte, J.(2010) Conservation of species interaction networks, Biological Conservation, Volume 143, Issue 10, 2270-2279pp.

Valenta, K. e Fedigan, L. M. (2009). Efeitos da passagem do intestino, fezes e manuseio de sementes na latência e taxa de germinação em sementes consumidas por capuchinhos (Cebus capucinus). American Journal of Physical Anthropology 13:486-492pp.

VandeBerg, J. L. e Zola, S. M. (2005). Um recurso biomédico único em risco. Nature 437: 30-32pp.

Vanthomme, H., Belle, B., e Forget, P. M. (2010). A caça à carne de animais selvagens altera o recrutamento de espécies de plantas com sementes grandes na África Central. Biotropica 42: 672-679pp.

Wang, B.C., Sork V.L., Leong M.T. e Smith, T.B. (2007). A caça de mamíferos reduz a remoção e a dispersão de sementes da árvore afrotropical Antrocaryon klaineanum (Anacardiaceae). Biotropica, 39(3), 340-347pp.

Wrangham, R. W., Chapman, C. A., e Chapman, L. J. (1994). Dispersão de sementes por chimpanzés da floresta no Uganda. Jornal de Ecologia Tropical 10: 355-368pp.

Wright, S. J., e Muller-Landau, H. C. (2006). O futuro incerto das espécies das florestas tropicais. Biotropica 38 (4) 443-445pp.

Wright, I. J., Ackerly, D. D., Bongers, F. Harms, K. E., Ibarra-Manriquez, G., et al. (2007). Relações entre dimensões ecologicamente importantes da variação de características de plantas em sete florestas neotropicais. Annals of Botany 99: 1003-1015pp.

Wright, B.W., Wright, K. A., Chalk, J., et al.(2009). Fallbackforaging as a way of life: using dieting toughness to compare the fallback signal among capuchins and implications for interpreting morphological variation. American Journal of Physical Anthropology, 140, 687-699pp.

Markl, J.S., Schleuning, M., Forget, P.M., Jordano, P., Lambert, J.E., Traveset, K. (2012). Meta-análise dos efeitos da perturbação humana na dispersão de sementes por animais. Conserv. Biol., 26: 1072-1081pp.

Apêndices

Apêndice 1 Diagrama de fluxo das Rosas incorporado com os elementos PICO

(Frampton et al., 2017; Haddaway et al., 2018)

Question Elements	Eligibility Criteria
Population	**Included:** Primates: The families of Hominidae, lemurs, Lorisidae, Atelidae, Aotidae, Callitrichidae, Cebidae, Cercopithecidae, Hylobatidae, Hominidae, Pitheciidae, Adapiforms, Apes e.g. Gorilla (Gorilla sp.), Chimpanzee 3: Orangutan, Bonobo, Gibbons, Primates, Lemurs, Insects **Excluded:** Humans (Homo Sapiens), Elephants, Birds, Snails, Tapirs, Cassowaries
Intervention **Dispersed Seeds in Tropical forests**	**Included**: flowering forest trees, Fruiting trees, and edible forest fruits, Dispersal success, seeds viability, Active and Passive Seed germination, Seed dispersal, Seed Survival, Seed Cover, Seeding Intensity, Seed mortality, Directed seed dispersal, seed recruitment, Seed growth, Seed dissemination, spread, distribution, broadcast, Seed spitting, Seed grinding, Seed regurgitation, Seed breaking, seed defecation, Large, seeded Trees, Angiosperms, Secondary Dispersal **Excluded:** Seeds dispersed by gravity, wind, ballistic, explosion, fire and water, force dispersed seeds, Seeds dispersed by Non-Primates, Unripe immature fruits, Non-fleshy fruits, Non-edible fruits, Cultivated crops, Genetic Data
Comparator **Undispersed Seeds in Tropical Forests**	**Included**: Seeds near Parent Tree, dead Seeds, Undispersed Large-Seeds, Undispersed Small Seeds **Excluded:** flowering, Fruiting, and Non-edible forest fruits, Dispersal Failure, dead seeds, Active and Passive Seed dispersal,Seed dispersal, Seed Survival, Seed Viability, Seeding Intensity, Seed motality, Directed seed dispersal, seed recruitment, Seed growth, Seed dissemination, spread, distribution, broadcast, Seed spitting, Seed grinding, Seed regurgitation, Seed breaking, seed defecation, Large, seeded trees, Angiosperms
Outcomes of Intervention **(Dispersed Seeds)**	**Included:** Tangible and Intangible benefits of Primates which include: Tropical Forests and Primate Conservation, Tourism, Primates Preserved for Human Drugs Clinical Trials, Primate as sources of Protein when sustainably harvested; Primates services such as large Seeds dispersal to main species diversity is preserved; Degraded forest restoration. Ecological and Population dynamics, Post dispersed seeds

	Excluded: High Seeds Mortality; Higher Species Competition for resources eg nutrients, Lower Seeds Survival Rate, lower species genetic diversity, Genetic Data, GIS, Edge effects on seeds, seed shadow effects, micro-climate effects.
Outcomes of Comparator **(Undispersed Seeds)**	**Included:** High Seeds Mortality; Higher Species Competition for resources eg nutrients, Lower Seeds Survival Rate, lower species genetic diversity, Ecological and Population dynamics, Primates services such as large seeds dispersal to main species diversity is preserved; Degraded forest restoration. **Excluded** Tangible and Intangible benefits of Primates which include: Tropical Forests and Primate Conservation, Tourism, Primates Preserved for Human Drugs Clinical Trials, Primate as sources of Protein when sustainably harvested; Primates services such as large Seeds dispersal to main species diversity is preserved Degraded forest restoration. Ecological and Population dynamics, Post dispersed seeds
Study Design: Quantitative, Qualitative research analyses	**Included:** Case Controlled Studies and Reports, Randomized Controlled Trials, Full-Text articles, Critically appraised individual articles, Peer-reviewed Articles, Primary Field Studies, Systematic Reviews, Gray Literature, Literature reviews **Excluded:** Social Media Content, Newspaper, and Magazine Publications, dissertations, Non-Peer reviewed papers.
Language	Papers consulted were only in English

Apêndice 2: Artigos de referência e literatura cinzenta

Dates	**Referral/Contributors**	**Address**	**No of Articles/gray Literature**
15/05/2023	Dr Tom Martin	University of Bangor (Staff)	4 Articles, 2 grey Literature
11/01/2023	Prof Simon Valle	University of Bangor (Staff)	1 article
11/07/2023	Prof Jonathan Onyekwelu	Professor of Silviculture, Federal University of Agriculture Akure, Nigeria	3 articles 1 grey literature
			11 Publications

Apêndice 3: O processo de pesquisa Quadro 1

(Tipo de Pesquisa= Básica) (Data de Restrição = Qualquer altura) Base de dados: Web of Science

Date of Search	Source of Data		Search Strings keyword/Phase	Results
13/01/2023	Web of Science Core Collection through Uni Bangor Library	1	**"Primates"**	**106,818**
	Web of Science Core Collection through Uni Bangor Library	1	Primates* OR Gorilla*OR Chimpanzee OR Bonobo* OR Orangutan OR Gibbons OR Apes* OR Lemur OR Babbon* OR Monkey* OR Lorisidae OR Atelidae OR Aotidae OR Callitrichidae OR Cebidae OR Cercopithecidae OR Hylobatidae OR Hominidae OR Pitheciidae OR adapiforms)	**218,726**
13/01/2023	Web of Science Core Collection through Uni Bangor Library	1	Primates* OR Gorilla*OR Chimpanzee OR Bonobo* OR Orangutan OR Gibbons OR Apes* OR Lemur OR Babbon* OR Monkey* OR OR Lorisidae OR Atelidae OR Aotidae OR Callitrichidae OR Cebidae OR Cercopithecidae OR Hylobatidae OR Hominidae OR Pitheciidae OR adapiforms) AND "Seed dispersal"	**741**
13/01/2023	Web of Science Core Collection through Uni Bangor Library	1	Primates* OR Gorilla*OR Chimpanzee OR Bonobo* OR Orangutan OR Gibbons OR Apes* OR Lemur OR Babbon* OR Monkey* OR Lorisidae OR Atelidae OR Aotidae OR Callitrichidae OR Cebidae OR Cercopithecidae OR Hylobatidae OR Hominidae OR Pitheciidae OR adapiforms) AND "Seed germination"	**173**
13/01/2023		1	Primates* OR Gorilla*OR Chimpanzee OR Bonobo* OR Orangutan OR Gibbons OR Apes* OR Lemur OR Babbon* OR Monkey* OR Lorisidae OR Atelidae OR Aotidae OR Callitrichidae OR Cebidae OR Cercopithecidae OR Hylobatidae OR Hominidae OR Pitheciidae OR adapiforms) AND "Seed germination"	
13/01/2023	Web of Science Core Collection through Uni Bangor Library	1	Primates* OR Gorilla*OR Chimpanzee OR Bonobo* OR Orangutan OR Gibbons OR Apes* OR Lemur OR Babbon* OR Monkey* OR Lorisidae OR Atelidae OR Aotidae OR Callitrichidae OR Cebidae OR Cercopithecidae	**64**

			OR Hylobatidae OR Hominidae OR Pitheciidae OR adapiforms) AND "Seedlings recruitment"	
13/01/2023	Web of Science Core Collection through Uni Bangor Library		Primates* OR Gorilla*OR Chimpanzee OR Bonobo* OR Orangutan OR Gibbons OR Apes* OR Lemur OR Babbon* OR Monkey* OR Lorisidae OR Atelidae OR Aotidae OR Callitrichidae OR Cebidae OR Cercopithecidae OR Hylobatidae OR Hominidae OR Pitheciidae OR adapiforms) AND "Tree regeneration"	**160**
13/01/2023	Web of Science Core Collection through Uni Bangor Library	3	(Primates* OR Gorilla*OR Chimpanzee OR Bonobo* OR Orangutan OR Gibbons OR Apes* OR Lemur OR Babbon* OR Monkey* OR Colugos* OR Lorisidae OR Atelidae OR Aotidae OR Callitrichidae OR Cebidae OR Cercopithecidae OR Hylobatidae OR Hominidae OR Pitheciidae OR adapiforms) AND "Seedling growth"	**52**
13/01/2023	Web of Science Core Collection through Uni Bangor Library	2	(Primates* OR Gorilla*OR Chimpanzee OR Bonobo* OR Orangutan OR Gibbons OR Apes* OR Lemur OR Babbon* OR Monkey* OR Colugos* OR Lorisidae OR Atelidae OR Aotidae OR Callitrichidae OR Cebidae OR Cercopithecidae OR Hylobatidae OR Hominidae OR Pitheciidae OR adapiforms AND"Seed dispersal"AND "Seedling recruitment"	**74**
13/01/2023	Web of Science Core Collection through Uni Bangor Library		(Primates* OR Gorilla*OR Chimpanzee OR Bonobo* OR Orangutan OR Gibbons OR Apes* OR Lemur OR Babbon* OR Monkey* OR Colugos* OR Lorisidae OR Atelidae OR Aotidae OR Callitrichidae OR Cebidae OR Cercopithecidae OR Hylobatidae OR Hominidae OR Pitheciidae OR adapiforms) AND "Seed dispersal" AND "Trees Regeneration"	**97**
21/01/2023	Web of Science Core Collection through Uni Bangor Library	7	Primates ("Seed dispersal") ("seed germination")OR ("tree regeneration") (Tropical OR Equatorial OR Tropics) (Forests OR Bush OR Wilderness OR Wilds OR Woodlands OR Woods) AND ("trees regeneration")	**53**

21/01/2023	Web of Science Core Collection through Uni Bangor Library	7	Primates ("Seed dispersal") ("seed germination")OR ("tree regeneration") (Tropical OR Equatorial OR Tropics) (Forests OR Bush OR Wilderness OR Wilds OR Woodlands OR Woods)	**96**
				327,054

Apêndice 4: O processo de pesquisa Quadro 2

Tipo de pesquisa: Básica.

Base de dados: Biblioteca Online da Universidade de Bangor **(Sem restrições: Tudo)**

Date	No of Hits	Database	Search terms/phrase	Result/ Articles
28/08/2023	1	University of Bangor Online Library	Primates of Congo AND Policies	1 out of 10
28/08/2023	2	University of Bangor Online Library	Forest Policy AND Economics AND Congo Basin	1 out of 10
28/08/2023	1	University of Bangor Online Library	Sustainable Forestry Management practices AND Policies in Congo Basin	1 out of 10
28/08/2023	1	University of Bangor Online Library	Sustainable forest Management practices AND policies in Congo Basin	1 out of 10
07/9/2023	1	University of Bangor Online Library	Assisted natural regeneration	1 out of 10
07/09/2023	1	University of Bangor Online Library	Paris climate agreement and trillion trees	1 out of 10
7/09/2023	1	University of Bangor Online Library	Paris climate agreement 2030 and forests	1 out of 10
10/09/2023	2	University of Bangor Online Library	long term field studies AND Primates	1 out of 10
13/09/2023	2	University of Bangor Online Library	Identifying Species in feces	1out of 10
				20 articles

Apêndice 5: Lista de citações da revisão: Referências Incluídas

Andressen, E. e Levy, D. J. (2004). Efeitos do estrume e do tamanho das sementes na dispersão secundária, na predação de sementes e no estabelecimento de plântulas de árvores da floresta tropical. Revista Internacional de Primatologia. Volume 139, Edição 1, 45-54pp.

Andresen, E., Arroyo-Rodriguez, V., Ramos-Robles, M. (2018). Dispersão de sementes de primatas: Desafios antigos e novos. Revista internacional de primatologia, Volume 39, Edição 3, 443-465pp.

Anzures-Dadda, A., Andresen, E. Martinez, Molo Mansion, R.H. (2011). Ausência de bugios (Alouatta palliate) influencia a densidade de mudas de árvores em fragmentos de floresta tropical no sul do México. Revista Internacional de Primatologia Volume 32, Edição 3. 634-651pp.

Balcomb, S.R. e Chapman, C.A. (2003). Fazendo a ponte: Influência da deposição de sementes no recrutamento de plântulas em uma interação primata-árvore. Monografias Ecológicas. Volume 73, CIssue 4, 625-642pp.

Beaune, D., Bretagnolle, F., Bollache, L., Bourson, C., Hohmann, G. (2013). Serviços ecológicos realizados pelo Bonobo (Pan paniscus) Journal of Tropical Ecology, Volume 29, 367-380pp.

Birkinshaw, C. R., Zool- Tsimbazaza, R.; et al. (1998). A importância do lémure-preto (Eulemur Macaco) para a dispersão de sementes na floresta de Lokobe, Nosy Be. Jornal da Sociedade Internacional de Primatologia, 186-199pp.

Brandt, J. S., Nolte, C., Agrawal, A. (2016). Desflorestação e produção de madeira no Congo após a aplicação da política de gestão sustentável das florestas. Política de utilização dos solos, Volume 52, 15-22pp.

Bravo, S.P. (2012). O impacto da dispersão de sementes por bugios-pretos e dourados na regeneração florestal. Pesquisa ecológica, Volume 27: Edição 2, 311-321pp.

Brocardo, C.R., Zipparro, D. B, Delima, R.A.F., Guevara, R., Galetti, M. (2013). Conservação Biológica. Volume 163. 107-114pp.

Butler, H.C., Johnson, S.D (2022). Dispersão de sementes por cuspe de macaco em scadoxus (Amaryllidaceae): Seleção de frutos, distâncias de dispersão e efeito na germinação de sementes. Austral Ecolgoy, Volume 47, Número 5, 1029-1036pp.

Calle-rendon, B. R.J., Peck, M., Bennett, S.E, Morelos-Juarez, C., Alfonso, F (2016). Comparação da regeneração florestal em duas abundâncias de sítios no noroeste do Eucador. Revista De Biologia Tropical, Volume 64, Edição 2, 493-506pp.

Catenacci, L.S., Devleschouwer, K.M., Nogueira, S.L.G. (2009). Dispersão de sementes por micos-leões-dourados Leontopithecus Chrysomelas na Mata Atlântica do sul da Bahia, Brasil. BiotropicaVolume 41, Edição 6, 744-750pp.

Chancellor, R.L., Rundus, A.S., NyWi, S. (2017). Dispersão de sementes de chimpanzés em fragmentos florestais montanhosos no Ruanda. Jornal americano de primatologia, Volume 79, Edição 3.

Chang, C. C., Turner, B. L., Bardgett, R. (2019). Jornal de ecologia, Volume 107, Edição 2, 503-509pp.

Chang, N.C., Su, H.H., Lee, L.L. (2016). Efeitos da fibra dietética no tempo de retensão intestinal em macaca cyclopis, Macaca fascicularis Hylobates Lar e pongo pygmaeus em cativeiro e na germinação de sementes ingeridas. Revista Internacional de Primatologia, Volume 37, Edição 6, 671-687pp.

Chanthorn, W., Brockelman, W. Y. (2008). Dispersão de sementes e recrutamento de plântulas na árvore choerospondias axillaris, exigente em termos de luz, numa floresta antiga na Tailândia. Scienceasia, Volume 34,

Número 2, 129-135pp.

Chapman, C.A., Onderdonk, D. A. (1998). Florestas sem primatas: PrimateZplant codependency. Americanjournal of primatology, Volume 45, Issue 1, 127-141pp.

Chapman, C, A e Dunham, A.E (2018). Dispersão de sementes de primatas e restauração florestal: Uma perspetiva africana para um futuro brilhante. Jornal Internacional de Primatologia - Volume 39, Edição 3, 427-443pp.

Chapman, H.M., Goldson, S.L., Beck, J. (2010). Remoção pós-dispersão e germinação de sementes dispersas por Cercopitheces nictitans numa floresta montana da África Ocidental. Folia primatologica, Volume 81, Edição 1,41-50pp.

Chapman, H., Cordeiro, Norbert, J., Dutton, P., Wenny, D., Kitamura, S., Kplin, B. (2016). Ecologia de dispersão de sementes de florestas tropicais montanas. Revista de tropical. Ecology, Volume 32, Edição 5, 437-454pp

Chatterjee, H. J. (2006). Phylogeny and biogeography of gibbons : Uma análise de Vicariância de dispersão. Revista Internacional de Primatologia, Volume 27, Número 3, 699-712pp.

Chaves, O. M., Arroyo-Rodriguez, V., Martinez, Ramos, M., Stoner, K.E. (2015). A extirpação de primatas de fragmentos de floresta tropical não parece influenciar o recrutamento de mudas. Revista Americana de Primatologia, Volume 77, Edição 4, 468-478pp.

Chaves, O.M., Stoner, K.E., Arroyo-Rodriguez, V., Estrada, A.(2011). Eficácia dos macacos-aranha (Ateles geoffroyi Vellerosus) como dispersores de sementes em florestas tropicais contínuas e fragmentadas no sul do México. Revista internacional de primatologia, Volume 32, Edição 1, 177-192pp.

Chen, K.S., Li, J.Q., Rasoarahona, J., Folega, F., Manjaribe, C. (2016). Dieta e efeitos da passagem do intestino do lémure castanho de Sanford (Eulemur sanfordi, Archbold (1932) na germinação de espécies de plantas na floresta de Amber, Madagáscar. Estudos Zoológicos, Volume 55.

Colaco, R., Simao, J. (2018). Divulgação da responsabilidade social das empresas no sector florestal da Bacia do Congo. Política e economia florestal, Volume 92,

136-147pp.

Cordeiro, N.J., Howe, H.F. (2001). Baixa taxa de recrutamento de árvores dispersas por animais em fragmentos florestais africanos. Conservation biology, Volume 15, Issue 6, 1733-1741pp.

Culot, L., Lazo, F., Huynen, M.C., Poncin, P., Heymann, E. W. (2010). Variação sazonal na dispersão de sementes por tamarins altera a chuva de sementes em uma floresta tropical secundária International journal of primatology. Volume 31, Edição 4, 555-569pp.

Culot, L., Mann, D. J., Lazo, F., Huynen, M. C., Heymann, E. W. (2011). Tamarins e besouros de esterco: Um sistema eficiente de dispersão diplocórica na Amazônia peruana. Biotropica, Volume 43, Edição 1,84-92pp.

Culot, L., Huynen, M.C., Heymann, E.W. (2015). Partilha a contribuição relativa da dispersão de sementes de uma fase e de duas fases ao avaliar a eficácia da dispersão de sementes. Métodos em Ecologia e Evolução, Volume 6, Edição 2, 178-186pp.

Culot, L., Huynen, M.C., Heymann, E.W. (2018). Primatas e besouros de esterco. Dois dispersores são melhores do que um na floresta secundária. Revista internacional de primatologia, Volume 39, edição 3, 397-414pp.

Dai, R., Ngoprasert, D., Gate, G.A., Savini, T (2018).Remoção secundária de sementes dispersas por Gibões (Hylobates lar) em uma floresta tropical seca na Tailândia. Boletim Raffles de zoologia. Volume 66, 517-527pp.

Daviaud, A. A., Perillo, S., Stuppy, W. (2018) . Síndromes de dispersão de sementes na flora de Madagascar: a importância incomum dos primatas. Oryx Volume 52, Edição 3, 418-426pp.

Dew, J.L., Wright, P. (1998). Frugivory and seed disposal by four species of primates in Madagascar's eastern rainforest. Biotropia, Volume 30, Número 3, 425-437pp.

Demoraes, P.L., Paoli, A.A. (1995). Dispersão de sementes e germinação de Cryptocarya moschata Nees & Martius EX Nees, Ocotea catharinensis mez e Endlicheria paniculata (sprengel) Macbride (Lauraceae). Arquivos de Biologia E. Tecnologia, Volume 38, Número 4, 1119-11129pp.

Dausmann, K.H., Glos, J., Linsenmair, K.E., Ganzhorn, J.u. (2008). Melhoria do recrutamento de uma árvore dispersa por lémures em florestas secas malgaxes após o desaparecimento de vertebrados em fragmentos florestais. Oecologia, Volume 157, Número 2, 307-316pp.

Dominy, N.J., Duncan, B. W. (2005). O que é que tu queres dizer com isso? Revista internacional de primatologia, Volume 26, Número 3, 631-649pp.

Effiom, E.O., Nunez-Hurri, G., Simh, H.G., Ottosson, U., Olsson, O. (2013). Actas da Royal Societ B-Ciências Biológicas, Volume 280, 17-59pp.

Estrada, A., Garber, P.A., Rylands, A. B., Fernandez-Duqueetal. (2017). Crise de extinção iminente dos primatas do mundo: por que os primatas importam. Science Advance, Volume 3, Edição 1.

Estrada, A., Garber, P.A., Mittermeier, R., Witch, S. (2018) Primatas em perigo:

The significance of Brazil, Madagascar, Indonesia and the democratic Republic of the Congo for global primate conservation. Peerj, Volume 6, e4869-e4869pp.

Feer, F., Julliot, C., Simmen, B et al. (2001). Recrutamento, um processo em várias etapas com resultados imprevisíveis: o caso de uma sapotácea na floresta da Guiana Francesa. D' Ecologie-La terre et la vie-Volume 56, Issue 2, 119-145pp.

Feer, F., Forget, P.M. (2002). Variações espaço-temporais no destino das sementes pós-dispersão. Biotropica, Volume 34, Número 4, 555-566pp.

Feer, F., Ponge, J. F., Jouard, S., Gomez, D.(2013). As atividades do macaco e do besouro de esterco influenciam a estrutura do banco de sementes do solo. Pesquisa Ecológica, Volume 28, Edição 1, 93-112pp.

Fergnani, D. M., Kowalewski, M.M., Fern, ez, VA (2020). Comunicação da natureza e sementes exóticas dispersas por bugios-pretos e dourados selvagens (Alouatta caraya): avaliação dos efeitos de desinibição e escarificação. Primatas. Volume 61, Número 3, pp. 519-527pp.

Fuzessy, L.f., Cornelissen, T.G., Jansen, C., Silveira, F.A. (2016). Como os primatas afetam a germinação de sementes? Uma meta-análise dos efeitos da passagem intestinal em plantas neotropicais. Oikos, Volume 125, número 8, 1069-1080pp.

Fuzessy, L., Sobral, G., Culot, L. (2022). Relacionando os padrões de alcance e defecação do bugio com a dispersão primária e secundária de sementes. Revista Americana de Primatologia, Volume 84, Número 2.

Ganzhorn, J.U., Futz, J., Rukotorao, E., Schwab, D., Zinner, D. (1999). Lemurs and the regeneration of dry decidous forest in Madagascar. Conservation BiologyVolume 13, Issue 4, 794-804pp.

Genin, F., Rambeloarivony, H. (2018). Lêmures-rato (Primates: Cheirogaleidae) cultivam jardins de frutas verdes. Biological Journal of the Linnean society, Volume 124, edição 4, 607 - 620pp.

Gestich, C.C., Nagy-Reis, M.B., Caselli, C.B. (2019). De gota em gota: A contribuição de um pequeno primata para a dispersão de sementes na Mata Atlântica. ACTA Oecologia, Internationaljournal of ecology,Volume 100.

Gibbons, G.C. (1979). Localização e transporte de alfa-amilase durante a germinação e o crescimento inicial de plântulas de hordeum-Vulgare. Comunicação da Carlsberg Research. Volume 44, Número 5, 353-366pp.

Gracomo, G., House, J.o., Dentener, F., Sandro, F. et al. (2017). O papel fundamental das florestas no cumprimento da meta climática requer ciência para uma mitigação credível. Nature climate change, Volume 7, Número 3, 220-226pp.

Gonzalez-Di purro, A.M.,Benitez-Malvido, J., Lombera, R. (2021). Americanjournal of Botany, Volume 108, número 9, 1625-1634pp.

Gonzalez- Di pierro, A. M., Benitez-Toribio, M., Zermeno, I., Arroyo-Rodriguez, V. (2011).Efeitos do ambiente físico e da passagem intestinal de primatas no estabelecimento precoce de Ampelocera hottlei standley em fragmentos de floresta tropical. Biotropica, Volume 43, Edição 4, 459-466pg

Gonzalez-Zamora, A., Arroyo-Rodriguez, V, Escobar, F., Oyama, K. (2015). A fidelidade da árvore adormecida dos macacos-aranha molda os padrões de chuva de sementes no nível da comunidade em florestas tropicais contínuas e fragmentadas. Jornal de Ecologia Tropical, Volume 31, 305-313pp.

Gonzalez-Zamora, A., Arroyo-Rodriguez, V., Oyama, K., Sork, V., Chapman, C.A. (2012). Locais de dormir e latrinas de macacos-aranha em florestas tropicais contínuas e fragmentadas: implicações para a dispersão de sementes e regeneração florestal. Plos one, Volume 7, edição 10.

Gross-camp, N.D., Masozera, M., Kaplin, B.A. (2009). Quantidade de sementes dispersas por chimpanzés numa floresta tropical de montanha no Ruanda. Jornal Americano de Primatologia, Volume71, Edição 1, 901-911pp.

Guariguata, M.R e Pinard, M.A (1998). Conhecimento ecológico da regeneração a partir de sementes em árvores de florestas neotropicais, Importância para o manejo de florestas naturais. Ecologia e manejo florestal, Volume 112, Edição 1,87-99pp.

Hai, B.T., Chen, J., McConkey, K.R., Dayan, A.S. (2018). Gibões (Nomascus gabriellas) fornecem dispersão de sementes chave para a noz do Pacífico (Dracontomelon dao) na floresta tropical de terras baixas da Ásia. Ata Oecologica - Revista Internacional de Ecologia, Volume 88, 71-79pp.

Haurez, B., Dainou, K., Tagg, N., Petre, C.A., Doucet, J.I (2005). O papel dos grandes símios na dispersão de sementes da espécie arbórea da floresta tropical; Dacryodes normandii (Burseraceae) no Gabão. Volume 31, 395-402pp.

Heymann, E. W. (2015). Conduzido pelo nariz: O olfato na ecologia alimentar dos primatas.
Evolução, Antropologia, Volume 24, Número 4, 137-148pm.

Heymann, E.W., Fuzessy, L., Culot, L.(2022). Dispersão de sementes pequena, mas agradável, por tamarins em comparação com grandes primatas neotropicais. Diversity Basel-Volume 14, Edição 12.

Howe, H.F. (1993). Aspectos da variação em um sistema de dispersão de sementes neotropical. VegetaçãoVolume 108, 149-162pp.

Jessica, J., Hjalmer, S., Orth, L., Smith, Rebecca, K., Sivia, P.(2022).

Conservação de Primatas. Peritos avaliadores, Graham L. Banes, Universidade de Wisconsin, Madison, EUA. Volume 10.

Johnson, S.D., Collin, C.L., Wissman, H. J., Halvarsson, E., Agren, J. (2004). Factores que contribuem para a variação na produção de sementes entre populações remanescentes da margarida ameaçada Gerbera aurantiaca. Biotropica, Volume 36, Número 2, 148-155pp.

Kader, M. A. (2005). Compara as fórmulas de cálculo da germinação de sementes e a interpretação associada dos dados resultantes. Jornal e Actas da Sociedade Real de Nova Gales do Sul, 138(3-4), 65-75pp.

Kelly, B. A., Sanogo, S., Sidibe, S.I., Castillo-Lorenzo, E., Ceci, P., Ullan, T (2021). Restaurar a vegetação e as terras degradadas utilizando a abordagem de regeneração natural assistida (ANRA): Estudo de caso em Bankass, no centro do Mali, África Ocidental. Ambiente, desenvolvimento e sustentabilidade, Volume 23, número 9, 14123-14139pp.

Kalbitzer, U., Mcinnis, V., Chapman, C.A. (2019). Primatas criam hotspot de crescimento de mudas através do padrão de deposição de esterco. Revista Africana de Ecologia, Volume 51, Edição 2, 190-197pp.

Kiepiel, I. e Johnson, S. D. (2019). Desembucha: Os macacos dispersam as sementes pouco ortodoxas e tóxicas de Clivia miniata (Amaryllidaceae). Biotropica, Volume 51, número 5, 619-625pp.

Knogge, C., Herrera, E.R., Heymann, E. W. (2003). Efeitos da passagem através de vísceras de mico no potencial de germinação de sementes dispersas. Revista Internacional de Primatologia, Volume 24, Número 5, 1121-1128pp.

Kone, I., Lambert, J. E., Refisch, J., Bakayoko, A. (2008). Dispersão de sementes por primatas e seu papel potencial na manutenção de espécies de árvores úteis na região de Tai, Costa do Marfim: Implicações para a conservação de fragmentos florestais. Tropical Conservation Science, Volume 1, Número 3, 293-305pp.

Kunz, B.K., Linsenmair, K.E. (2008). O papel do babuíno da oliveira (Papio anubis, Cercopithecidae) como dispersor de sementes num mosaico de savana-floresta da África Ocidental. Jornal de ecologia tropical, Volume 24, 235-246pp.

Lahann, P. (2007). Ecologia alimentar e dispersão de sementes de lémures cheirogaeídeos simpátricos (Microcebus murinus, cheirogaleus) na floresta tropical litoral a sudeste de Madagáscar. Jornal de Zoologia, Volume 271, Edição 1,88-98pp.

Lambert, J.E. and Lambert, J.E. (1998) Primate frugivory in Kibale National Park, Uganda and it's implications for human us of forest resources. African Journal of Ecology, Volume 36, Número 3, 234-240pp.

Lambert, J.E. e Garber, P.H.(1998). Evotionary and Ecological implications of primate seed dispersal. American journal of primatoloy, Volume 45, número 1,9-28pp.

Lapenta, M. J., Procopio-de- Oliveira, P., Kierulff, M.C., Motta, J.C. (2008). Frugivoria e dispersão de sementes do mico-leão-dourado (Leontopithecus rosalia (Linnaeus, 1766) em um fragmento florestal na Mata Atlântica brasileira. Revista Brasileira de Biologia, Volume 68, Número 2, edição 2, pp. 241-249pp.

Lapenta, M.J., Procopio-de-Oliveira, P. (2009). O destino das sementes dispersas por micos-leões-dourados (Leotopithecus rosalia) em um fragmento de Mata Atlântica, Brasil. Ciência da conservação tropical, Volume 2, número 3, 266-281pp.

Lazo, FjjM., Culot, L., Huynen, M.C., Heyman, E,W. (2011). Efeito dos padrões de descanso de Tamarina (Saguimus fuscicollis e Saguinus Mystax) na distribuição espacial de sementes e no recrutamento de plântulas. Revista

Internacional de Primatologia, Volume 32, Edição 1,223-237pp.

Levi, T e Peres, C.A (2013). Disperrsal Vaccuum no recrutamento de plântulas de uma árvore amazônica primata-dispersa. Conservação biológica, Volume 163, 99-106pp.

Li., im., A. R., Fern., ez, F.A. (2022). A reintrodução de primatas promove o recrutamento de plantas com sementes grandes através da dispersão secundária. Conservação biológica, Volume 264.

Link, A. e Flore, A. (2006). Dispersão de sementes por macacos-aranha e sua importância na manutenção da diversidade de florestas tropicais neotropicais. Journal of Tropical Ecology, Volume 22, 235-246pp.

Lopez, L. e Terborgh, J. (2007). A predação de sementes e a herbivoria de plântulas como factores na falha de recrutamento de árvores em ilhas florestais sem predadores. Jornal de ecologia tropical, Volume 23, 129-137pp.

Lucas, P.W., Corlett, R.T (1998). Dispersão de sementes por macacos de cauda longa. (1998). American Journal of primatology, Volume 45, número 1,29-44pp.

Marsh, L.K., Loiselle, B.A. (2003). Recrutamento de árvores de fruto de bugio-preto em florestas fragmentadas do norte de Belize. Revista Internacional de Primatologia, Volume 24, número 1, 65-86pp.

Philips, C.A e Mcgrew, W. C. (2013). Identificação de espécies em fezes de chimpanzés (Pan troglodytes). Uma causa metodológica perdida? Revista Internacional de Primatologia, Volume 34, Número 4, 792-807pp.

Phiphatsuwannachai, S., Westcott, D.A., Mckeown, A., Savini, T (2018). Variabilidade intergrupo na dispersão de sementes por Gibbons de mãos brancas na floresta de mosaico. Grupo Europeu de Ancestralidade Continental. 147pp.

Poulsen, J. R., Clark, C.J. e Smith, T B. (2001). Dispersão de sementes por uma comunidade de primatas diurnos na Reserva de Dja, Camarões. Journal of Tropical Ecology, Volume 17, 787-808pp.

Qian, H. R., Li, W.B., Li, J. H. (2022). A influência das características das sementes nos estágios iniciais de dispersão de sementes por macacos tibetanos. Animais, Volume 12, Número 11.

Russo, S. E e Augspurger, C.K. (2004). Dispersão agregada de sementes por macacos-aranha limita o recrutamento para padrões de agrupamento em Virola Calophylla.Ecological Letters. Volume 7, Número 11, 1058-1067pp.

Righini, N., Serio-Silva, J.C., Rico Gray, V. I., Martin, E, Z-Mota, R.(2004). Efeito de diferentes espécies de primatas na germinação de sementes de ficus (Urostigma). Zoo Biology, Volume 23, Número 3, 273-278pp.

Rosin, C. (2014). A caça ameaça a regeneração da madeira em florestas tropicais exploradas seletivamente? Ecologia e gestão florestal. Volume 331, 153-164pp.

Russo, S. E. (2005). Relacionando o destino das sementes com os padrões de dispersão natural, fatores que afetam a predação e a dispersão de sementes de virola calophylla no Peru. Journal of Tropical Ecology, Volume 21,243-253pp.

Razafindratsimo, O, H. e Martinez, B. T (2012). Dispersão de sementes por lêmures-vermelhos, tamanho das sementes, viabilidade e efeito benéfico no crescimento das mudas. Ecotropica, Volume 18, Edição 1, 15-25pp.

Razafindratsima, O H. e Dunham, A.E. (2015). Avalia os impactos da dispersão não aleatória por múltiplos parceiros frugívoros no recrutamento de plantas. Ecology, Volume 96, Issue 1,24-30pp.

Ramananjato, V., Rakotomalala, Z., Park, D.S. (2020). O papel dos lêmures onívoros noturnos como dispersores de sementes nas florestas tropicais de Malagasy. Volume 52, Edição 4, 758-765pp.

Razafindratsima, O. H., Sato, H., Tsuji, Y, Culot, L. (2018). Avanços e fronteiras na dispersão de sementes de primatas. Revista Internacional de Primatologia, Volume 39, Edição 3, 315-320pp.

Relazquez-Vazquez, C., Reyna-Hurtado, R. e Arroyo-Rodriquez (2015). Locais de dormida de macacos-aranha (Ateles geoffroyi) em florestas tropicais exploradas e não exploradas. Internationaljournal of primatology, Volume 36, número 6, 1154-1171pp

Robert, M. D. (2012). Primatas. Current Biology. Volume 22, Edição 18, 9785-R790.

Robbins, M. M. (2010). Estudos de campo a longo prazo de primatas: Considera o passado, o presente e o futuro. Evol. Anthropol, Volume 19, Número 3, 87-88pp.

Sato, H. (2012). Significado da dispersão de sementes pelo maior frugívoro para árvores de diásporos grandes. Relatórios Científicos, Volume 12, Edição 1.

Sato, H. (2013). Frutificação sazonal e dispersão de sementes pelo lémure castanho numa floresta tropical seca, no noroeste de Madagáscar. Jornal de Ecologia tropical. Volume 29, 61-69pp.

Serio-Silva, J.C. e Rico-Gray, V. (2002). Efeitos da fragmentação florestal e do forrageamento do bugio na germinação e dispersão de sementes de figo. Oryo, Volume 36, Número 3, 266-271pp.

Serio-silva, J.C. e Rico-Gray, V. (2002). Influência do microclima em diferentes alturas de copa na germinação de fius (Urostigma). Sementes dispersas por bugios mexicanos (Alouatta palliata mexicana). Interciencia, Volume 27, número 4, 186-190pp.

Sengupta, A., McConkey, K.R., Radhakrishna, S. (2014). Dispersão de sementes por macacos Rhesus macca mulatta no norte da Índia. Jornal Americano de Primatologia, Volume 76, Edição 12. 1175-1184pp.

Estuda na Universidade George Washington. (2021). Os primatas podem ser um símbolo de união para promover a restauração das florestas tropicais. 6418pp.

Sutherland, W. J., Dicks Lynn V., Petrovan, S., Rebecca, K. (2020). O que funciona na conservação. Abre os editores, Cambridge, Reino Unido.

Stevenson, P.R., Castellanos, M.C., Pizarro, J.C, Giaranto, M. (2020) .Avaliar o papel de uma espécie de mamífero frugívoro no potencial de germinação de sementes depende do desenho do estudo: Um estudo de caso usando macacos samnga selvagens. Ata Oecologica, revista internacional de ecologia. Vol 106.

Stevenson, P.R., Castellanos, M.C., Pizarro, J. C., Giaravito, M. (2002). Efeitos da dispersão de sementes por três espécies de macacos atelinos na germinação de sementes no Parque Nacional Tinigua, Colômbia. Revista Internacional de Primatologia, Volume 23, Número 6, 1187-1204pp.

Stevenson, P.R. (2011). A abundância de grandes macacos Ateline está positivamente associada com a entrega de plantas em regeneração em florestas NeotopicL. Biotropica, Volume 43, Edição 4, 512-519pp.

Stevenson, P.R. (2000). Dispersão de sementes por macacos lanosos (Lagothrix lagothrich) no Parque Nacional Tinigua, Colômbia: Distância de dispersão, taxas de germinação e quantidade de dispersão. American Journal of primatology, Volume 50, Número 4, 275-289pp.

Stiffens, K. E. (2020). Plantas alimentares de lémures como opções para a restauração florestal em Madagáscar. Rstroration Ecology, Volume 28, Edição 6, 1517-1527pp.

Terborgh, J., Nunez, N.H., Feeley, K., Beck, H. (2020). As lacunas apresentam um trade-off entre dispersão e estabelecimento que nutre a diversidade de espécies. Ecologia, Volume 101, Edição 5.

Thiry, V, Bhasin, O., Stark, D. J. Bendels-Jamar, R.C. (2019). Dispersão de sementes por macacos Proboscis: o caso de Nauclea spp. Primates, Volume 60, Edição 5, 444-457pp.

Trolliet, F., Bauman, D., Forget, P.M., Doucet, J. I. (2019). Quão complimentares são os grandes fugívoros para o recrutamento de mudas de árvores. Um estudo de caso na Bacia do Congo. Jornal de Ecologia Tropical, Volume 35, Edição 5, 223-236pp

Tsuji, Y e Su, H.H. (2018). Macaques como agentes dispersores de sementes nas florestas asiáticas: A review. Revista internacional de primatologia (2018). Volume 39, Edição 3, 356-376pp

Tole do-Aceves, T., Frujillo-Miranda, Alma, L., Lopez-Barrera, F. (2021). Regeneração de árvores na restauração ativa e passiva da floresta nublada: grupos funcionais e espécies de madeira. Forestecology and management, Volume 489, 119050pp.

Torres, D.A., Castano, J.H., Carranza-Quiceno, J.A (2020). Padrões globais na germinação de sementes após a ingestão por mamíferos. Mammal Review, Volume 50, Edição 3. 278-290pp.

Trump, J. T e Thunberg, G. (2020). Donald J. Trump e Greta Thunberg em Davos. Population and development review. Volume 46, Issue1,267-209pp

Valenta, K., Fedigan, L.M. (2010). Spatial patternssof seed dispersal by white faced capuchins in Costa Rica: Avalia a mortalidade de sementes dependente da distância. Biotropica, Volume 42, Edição 2, 223-228pp.

Valenta, K., Burke, R. J., Styler, S.A., Jackson, D. A., Meloin, A.D (2013). Colourand Odour drive fruit selection and seed dispersal by Mouse Lemurs. Relatórios Científicos, Volume 3.

Wright, P.C., Tecot, S. R., Erhart, E.M., Baden, A.L. et al. (2011). Frugivoria em quatro lémures simpátricos, implicações para o futuro da floresta de Madagáscar. Americano

Jornal de primatologia, Vol 73, 585-602pp.

Wrangham, R. W., Chapman, C.A., Chapman, L.J. (1994). Dispersão de sementes por chimpanzés da floresta no Uganda. Jornal de Ecologia tropical, Volume 18, 355-368pp.

Whitney, K.D., Fogiel, M.K., Lamperti, A.M., Holbrook, K.M. (1998). Dispersão de sementes por Ceratogymna hornbills na Reserva de Dja, Camarões. Journal of Tropical ecology vol 11, 351pp.

Wenny, D. g. (2001). Vantagens da dispersão de sementes: Avalia a dispersão dirigida. Pesquisa em Ecologia Evolutiva.

Wehncke, E.V., Valdez, C. N., Dominguez, C.A. (2004). Dispersão de sementes e padrões de defecação de Cebus Capucinus e Alouatta palliata: Consequências para a eficácia da dispersão de sementes. Journal of Tropical Ecology Vol. 20, 535-543pp.

Wehncke, E.V., Hubbell, S.P., Foster, R.B.(2003) .Seed dispersal patterns produce by white faced monkeys : Implications for the dispersal limitation of neotropical tree species. Journal of Ecology, Vol 91, Issue 4, 677-685pp.

Wich, Serge A. e Andrew J. Marshall (eds), An Introduction to Primate Conservation (Oxford, 2016; edição online, Oxford Academic, 18 de agosto de 2016), https://doi.org/10.1093/acprof:oso/9780198703389.001.0001, acedido em 16 de setembro de 2023.

Yao, H., Bai, Y.P., Chen, H.C. Yana, W.J. et al. (2021) Dispersão de sementes endozoóforas por macacos de nariz submerso dourados numa floresta temperada. Integrative Zoology, Volume 16, Issue 1, 120-127pp.

Zambrano, V. A., Mocada, J.Z., Stevenson, P.R. (2008). Diversidade de plantas regenerantes e dispersão de sementes em duas árvores de dossel de florestas amazônicas colombianas com diferentes pressões de caça. Revista de Biologia tropical, Volume 56, Número 3, 1331-1542pp.

MIX
Papier aus verantwortungsvollen Quellen
Paper from responsible sources
FSC® C105338

Printed by Books on Demand GmbH, Norderstedt / Germany